Linux
企业运维实战

（Redis+Zabbix+Nginx+Prometheus+Grafana+LNMP）

吴光科 揭长华 魏曼 编著

清華大学出版社
北京

内 容 简 介

本书从实用的角度出发，详细介绍了Redis、Zabbix、Nginx、Prometheus、Grafana、LNMP等的相关理论、技术与应用。全书共分8章，包括DNS解析服务器企业实战、HTTP详解、Apache Web服务器企业实战、MySQL服务器企业实战、MyCAT+MySQL读写分离实战、LNMP架构企业实战、Zabbix分布式监控企业实战、Prometheus+Grafana分布式监控实战。

本书免费提供与书中内容相关的视频课程讲解，以指导读者深入地进行学习，详见前言中的说明。

本书可作为高等学校计算机相关专业的教材，也可作为系统管理员、网络管理员、Linux运维工程师及网站开发、测试、设计等人员的参考用书。

图书在版编目（CIP）数据

Linux企业运维实战：Redis+Zabbix+Nginx+Prometheus+Grafana+LNMP/吴光科，揭长华，魏曼编著.
—北京：清华大学出版社，2024.5
（Linux开发书系）
ISBN 978-7-302-66205-1

Ⅰ. ①L⋯　Ⅱ. ①吴⋯　②揭⋯　③魏⋯　Ⅲ. ①Linux操作系统　Ⅳ. ①TP316.85

中国国家版本馆CIP数据核字（2024）第085335号

责任编辑：刘　星
封面设计：李召霞
责任校对：李建庄
责任印制：曹婉颖

出版发行：清华大学出版社
　　　　　网　　　　　址：https://www.tup.com.cn，https://www.wqxuetang.com
　　　　　地　　　　　址：北京清华大学学研大厦A座　　　　　邮　　编：100084
　　　　　社　总　机：010-83470000　　　　　邮　购：010-62786544
　　　　　投稿与读者服务：010-62776969，c-service@tup.tsinghua.edu.cn
　　　　　质　量　反　馈：010-62772015，zhiliang@tup.tsinghua.edu.cn
　　　　　课　件　下　载：https://www.tup.com.cn，010-83470236

印　装　者：大厂回族自治县彩虹印刷有限公司
经　　销：全国新华书店
开　　本：186mm×240mm　　　印　张：13.5　　　字　数：254千字
版　　次：2024年7月第1版　　　　　　　　　　印　次：2024年7月第1次印刷
印　　数：1～1500
定　　价：69.00元

产品编号：101565-01

Linux 是当今三大操作系统（Windows、macOS、Linux）之一，其创始人是林纳斯·托瓦兹[①]。林纳斯·托瓦兹在 21 岁时用 4 个月的时间首次创建了 Linux 内核，于 1991 年 10 月 5 日正式对外发布。Linux 系统继承了 UNIX 系统以网络为核心的思想，是一个性能稳定的多用户网络操作系统。

20 世纪 90 年代至今，互联网飞速发展，IT 引领时代潮流，而 Linux 系统是一切 IT 的基石，其应用场景涉及方方面面，小到个人计算机、智能手环、智能手表、智能手机等设备，大到服务器、云计算、大数据、人工智能、数字货币、区块链等领域。

为什么写《Linux 企业运维实战（Redis+Zabbix+Nginx+Prometheus+Grafana+LNMP）》这本书？这要从我的经历说起。我出生在贵州省一个贫困的小山村，从小经历了砍柴、放牛、挑水、做饭，日出而作、日落而归的朴素生活，看到父母一辈子都生活在小山村里，没有见过大城市，所以从小立志要走出大山，要让父母过上幸福的生活。正是这样的信念让我不断地努力。大学毕业至今，我在"北漂"的 IT 运维路上已走过了十多年：从初创小公司到国有企业、机关单位，再到图吧、研修网、京东商城等 IT 企业，担任过 Linux 运维工程师、Linux 运维架构师、运维经理，直到现在创办的京峰教育培训机构。

一路走来，很感谢生命中遇到的每一个人，是大家的帮助让我不断地进步和成长，也让我明白了一个人活着不应该只为自己和自己的家人，还要考虑整个社会，哪怕只能为社会贡献一点点价值，人生就是精彩的。

为了帮助更多的人通过技术改变自己的命运，我决定和团队同事一起编写这本书。虽然市面上有很多关于 Linux 的书籍，但是很难找到一本关于 Redis、Zabbix、Nginx、Prometheus、Grafana、LNMP 等的详细、全面的主流技术的书籍，这就是编写本书的初衷。

---

① 创始人全称是 Linus Benedict Torvalds（林纳斯·本纳第克特·托瓦兹）。

配套资源

● 程序代码、面试题目、学习路径、工具手册、简历模板、教学课件等资料，请扫描下方
  二维码下载或者到清华大学出版社官方网站本书页面下载。

配套资源

● 作者精心录制了与 Linux 开发相关的视频课程（3000 分钟，144 集），便于读者自学。扫
  描封底"文泉课堂"刮刮卡中的二维码进行绑定后即可观看（注：视频内容仅供学习参
  考，与书中内容并非一一对应）。

虽然已花费大量的时间和精力核对书中的代码和内容，但难免存在纰漏，恳请读者批评
指正。

吴光科

2024 年 3 月

致 谢
ACKNOWLEDGEMENT

感谢 Linux 之父 Linus Benedict Torvalds，他不仅创造了 Linux 系统，还影响了整个开源世界，也影响了我的一生。

感谢我亲爱的父母，含辛茹苦地抚养我们兄弟三人，是他们对我无微不至的照顾，让我有更多的精力和动力去工作，去帮助更多的人。

感谢杨永琴、姚钗、陈培元、秦业华、沙伟青、戴永涛、唐秀伦、田佐兰、王琦、毕加胜、严小伟、许振胶、王萌、马文敏及其他挚友多年来对我的信任和鼓励。

感谢腾讯课堂的所有课程经理及平台老师，感谢 51CTO 副总裁一休及全体工作人员对我及京峰教育培训机构的大力支持。

感谢京峰教育培训机构的每位学员对我的支持和鼓励，希望他们都学有所成，最终成为社会的中流砥柱。感谢京峰教育首席运营官蔡正雄，感谢京峰教育培训机构的辛老师、朱老师、张老师、关老师、兮兮老师、小江老师、可馨老师等全体老师和助教、班长、副班长，是他们的大力支持，让京峰教育培训机构能够帮助更多的学员。

最后要感谢我的爱人黄小红，是她一直在背后默默地支持我、鼓励我，让我有更多的精力和时间去完成这本书。

吴光科

2024 年 3 月

目 录
CONTENTS

第 1 章　DNS 解析服务器企业实战 ·· 1

　　1.1　DNS 服务器工作原理 ·· 1

　　1.2　DNS 解析过程 ··· 2

　　1.3　DNS 服务器种类 ··· 2

　　1.4　DNS 服务器安装配置 ·· 2

　　1.5　DNS 主配置文件详解 ·· 3

　　1.6　DNS 自定义区域详解 ·· 4

　　1.7　DNS 正反向文件详解 ·· 5

第 2 章　HTTP 详解 ·· 8

　　2.1　TCP 与 HTTP ·· 8

　　2.2　资源定位标识符 ··· 9

　　2.3　HTTP 与端口通信 ··· 10

　　2.4　HTTP Request 与 Response 详解 ·· 11

　　2.5　HTTP 1.0/1.1 区别 ·· 13

　　2.6　HTTP 状态码详解 ··· 14

　　2.7　HTTP MIME 类型支持 ··· 16

第 3 章　Apache Web 服务器企业实战 ·· 18

　　3.1　Apache Web 服务器简介 ··· 18

　　3.2　Prefork MPM 工作原理 ·· 19

　　3.3　Worker MPM 工作原理 ·· 19

　　3.4　Apache Web 服务器安装 ··· 20

　　3.5　Apache 虚拟主机企业应用 ·· 22

　　3.6　Apache 常用目录学习 ·· 24

3.7　Apache 配置文件详解··25

3.8　Apache Rewrite 规则实战···26

第4章　MySQL 服务器企业实战··30

4.1　MySQL 数据库入门简介··30

4.2　MySQL 数据库 YUM 方式··32

4.3　MySQL 源码部署 5.5 版本··33

4.4　MySQL 源码部署 5.7 版本··34

4.5　MySQL 二进制部署 8.0 版本··37

4.6　MariaDB 二进制部署 10.2 版本··38

4.7　MySQL 数据库必备命令操作··38

4.8　MySQL 数据库字符集设置··45

4.9　MySQL 数据库密码管理··46

4.10　MySQL 数据库配置文件详解··48

4.11　MySQL 数据库索引案例··49

4.12　MySQL 数据库慢查询··51

4.13　MySQL 数据库优化··53

4.14　MySQL 数据库集群实战··56

4.15　MySQL 主从复制实战··57

4.16　MySQL 主从同步排错思路··63

第5章　MyCAT+MySQL 读写分离实战···65

5.1　MyCAT 背景···65

5.2　MyCAT 发展历程···65

5.3　MyCAT 中间件原理···67

5.4　MyCAT 应用场景···69

5.5　MyCAT 概念详解···69

5.5.1　MyCAT 数据库中间件···69

5.5.2　MyCAT 逻辑库（schema）···70

5.5.3　MyCAT 逻辑表（Table）··71

5.5.4　MyCAT 分片表···71

5.5.5 MyCAT 非分片表 ·· 71

5.5.6 MyCAT ER 表 ·· 71

5.5.7 MyCAT 全局表 ·· 72

5.5.8 分片节点（dataNode）·· 72

5.5.9 节点主机（dataHost）·· 72

5.5.10 分片规则（rule）·· 72

5.5.11 MyCAT 多租户 ·· 72

5.6 数据多租户方案 ·· 73

5.7 MyCAT 数据切分 ·· 74

5.7.1 垂直切分 ·· 75

5.7.2 水平切分 ·· 75

5.8 典型的切分规则 ·· 76

5.9 MyCAT 安装配置 ·· 77

5.10 MyCAT 读写分离测试 ·· 81

5.11 MyCAT 管理命令 ·· 83

5.12 MyCAT 状态监控 ·· 85

第 6 章 LNMP 架构企业实战 ·· 87

6.1 LNMP 企业架构简介 ·· 87

6.2 CGI 与 FastCGI 概念剖析 ·· 87

6.3 LNMP 架构工作原理 ·· 88

6.4 LNMP 架构源码部署企业实战 ·· 89

6.5 Redis 入门简介 ·· 96

6.6 Redis 配置文件详解 ·· 97

6.7 Redis 常用配置 ·· 102

6.8 Redis 集群主从实战 ·· 104

6.9 Redis 数据备份与恢复 ·· 107

6.9.1 半持久化 RDB 模式 ·· 107

6.9.2 全持久化 AOF 模式 ·· 109

6.9.3 Redis 主从复制备份 ·· 110

6.10　CentOS 7 Redis Cluster 集群实战 ·· 111

6.11　LNMP 企业架构读写分离 ·· 117

第 7 章　Zabbix 分布式监控企业实战 ·· 123

7.1　Zabbix 监控系统入门简介 ··· 123

7.2　Zabbix 监控组件及流程 ··· 124

7.3　Zabbix 监控方式及数据采集 ··· 126

7.4　Zabbix 监控平台概念 ··· 126

7.5　Zabbix 监控平台部署 ··· 127

7.6　Zabbix 配置文件优化实战 ··· 137

7.7　Zabbix 自动发现及注册 ··· 138

7.8　Zabbix 监控邮件报警实战 ··· 143

7.9　Zabbix 监控 MySQL 主从实战 ··· 149

7.10　Zabbix 日常问题汇总 ·· 152

7.11　Zabbix 触发命令及脚本 ·· 155

7.12　Zabbix 分布式监控实战 ·· 158

7.13　Zabbix 监控微信报警实战 ·· 161

7.14　Zabbix 监控原型及批量端口实战 ·· 170

7.15　Zabbix 监控网站关键词 ·· 175

7.16　Zabbix 高级宏案例实战 ·· 180

第 8 章　Prometheus+Grafana 分布式监控实战 ·································· 185

8.1　Prometheus 概念剖析 ··· 185

8.2　Prometheus 监控优点 ··· 185

8.3　Prometheus 监控特点 ··· 186

8.4　Prometheus 组件实战 ··· 186

8.5　Prometheus 体系结构 ··· 187

8.6　Prometheus 工作流程 ··· 188

8.7　Prometheus 服务端部署 ··· 188

8.8　Node_Exporter 客户端安装 ·· 191

8.9　Grafana Web 部署实战 ·· 192

8.10　Grafana+Prometheus 整合 ··· 194

8.11　AlertManager 安装 ··· 197

8.12　配置 AlertManager ··· 198

8.13　Prometheus 报警规则 ·· 199

8.14　Prometheus 邮件模板 ·· 200

8.15　Prometheus 启动和测试 ·· 200

8.16　Prometheus 验证邮箱 ·· 201

第 1 章　DNS 解析服务器企业实战

1.1　DNS 服务器工作原理

域名系统（Domain Name System，DNS）是互联网的一项服务。它作为将域名和 IP 地址相互映射的一个分布式数据库，能够使人更方便地访问互联网。DNS 使用 TCP 和 UDP 端口 53。当前，对于每一级域名长度的限制是 63 个字符，域名总长度则不能超过 253 个字符。

早期域名的字符仅限于 ASCII 字符的一个子集。2008 年，ICANN（互联网名称与数字地址分配机构）通过一项决议，允许使用其他语言作为互联网顶级域名的字符。使用基于 Punycode（域名代码）的 IDNA 系统，可以将 Unicode（统一码）字符串映射为有效的 DNS 字符集。因此，诸如"XXX.中国""XXX.美国"的域名可以在地址栏直接输入并访问，而不需要安装插件。但是，由于英语的广泛使用，使用其他语言字符作为域名会产生多种问题，例如难以输入、难以在国际推广等。

我们每天打开的网站是如何解析的？我们怎么能得到网站的内容反馈呢？这些都是通过 DNS 服务器实现的。

下面介绍 DNS 服务器的构建。DNS 服务可以算是 Linux 服务中比较难的一个了，尤其是配置文件书写，少一个字符都有可能造成错误。

简单地说，DNS 的功能就是完成域名到 IP 地址的解析过程。简洁的域名更方便人们记忆，不需要记那么长的 IP 地址去访问某个网站。

1.2　DNS 解析过程

DNS 解析过程可以分为以下几步。

（1）客户机访问某个网站，请求域名解析时，DNS 首先查找本地 HOSTS 文件，如果有对应域名、IP 地址记录，则直接返回给客户机；如果没有则将该请求发送给本地的域名服务器。

（2）若本地 DNS 服务器能够解析客户端发来的请求，则直接将答案返回给客户机。

（3）本地 DNS 服务器不能解析客户端发来的请求时，有两种解析方法。

① 采用递归解析。

本地 DNS 服务器向根域名服务器发出请求，根域名服务器对本地域名服务的请求进行解析，得到记录再发给本地 DNS 服务器，本地 DNS 服务器将记录缓存，并将记录返回给客户机。

② 采用迭代解析。

本地 DNS 服务器向根域名服务器发出请求，根域名服务器返回本地域名服务器一个能够解析请求的根的下一级域名服务器的地址，本地域名服务器再向根域名服务器返回的 IP 地址发出请求，最终得到域名解析记录。

1.3　DNS 服务器种类

DNS 服务器主要有以下几种。

（1）Master（主 DNS 服务器）：拥有区域数据的文件，并对整个区域数据进行管理。

（2）Slave（从服务器或辅助服务器）：拥有主 DNS 服务器的区域文件的副本，辅助 DNS 服务器对客户端进行解析，当主 DNS 服务器崩溃后，可以完全接替主服务器的工作。

（3）Forward：将任何查询请求都转发给其他服务器，起代理的作用。

（4）Cache：缓存服务器。

（5）Hint：根 DNS Internet 服务器集。

1.4　DNS 服务器安装配置

（1）安装 Bind DNS 软件包：

```
yum install bind* -y
```

（2）配置文件/etc/named.conf 内容：

```
options {
        listen-on port 53 { any; };
        listen-on-v6 port 53 { any; };
        directory       "/var/named";
        dump-file       "/var/named/data/cache_dump.db";
        statistics-file     "/var/named/data/named_stats.txt";
        memstatistics-file    "/var/named/data/named_mem_stats.txt";
        allow-query     { any; };
        recursion yes;
        dnssec-enable yes;
        dnssec-validation yes;
        dnssec-lookaside auto;
        /* Path to ISC DLV key */
        bindkeys-file "/etc/named.iscdlv.key";
        managed-keys-directory "/var/named/dynamic";
};
logging {
        channel default_debug {
                file "data/named.run";
                severity dynamic;
        };
};

zone "." IN {
        type hint;
        file "named.ca";
};
include "/etc/named.rfc1912.zones";
include "/etc/named.root.key";
```

1.5　DNS 主配置文件详解

DNS 主配置文件 named.conf 详解如下：

```
options {
directory "/var/named";                       #指定配置文件所在目录,必须配置此项
dump-file  "/var/named/data/cache_dump.db;;#保存DNS服务器搜索到的对应IP地址
                                              #的高速缓存
```

```
statistics_file  "/var/named/data/named_stats.txt;   #DNS 的一些统计数据列出时
                                                      #就写入这个设置指定的文件,
                                                      #即搜集统计数据
pid-file "/var/run/named/named.pid;          #用于记录 named 程序的 PID 文件,可在
                                             #NAMED 启动、关闭时提供正确的 PID
allow_query (any;);      #是否允许查询,或允许哪些客户端查询。可以把 any 换上网段地址,
                         #以设置允许查询的客户端
allow_transfer(none;);   #是否允许主服务器里的信息传到从服务器,只有在同时拥有
                         #主服务器和从服务器时才设置此项。none 为不允许
forwarders{192.168.3.11;192.168.3.44;};
                         #设置向上查找的"合法"的 DNS。地址之间要用";"分隔。(笔者
                         #的理解是此处定义的如同 Windows 里定义的转发一样,当本地 DNS
                         #服务器解析不了时,转发到用户指定的一个 DNS 服务器上解析)
#当不配置此项时,本机无法解析的都会在 name.ca 中配置的根服务器上查询;但如果配置了此项,
#本机查找不到的,就丢给此项中配置的 DNS 服务器处理
forward only            #让 DNS 服务器只作为转发服务器,自身不进行查询
motify                  #当主服务器变更时,向从服务器发送信息。有两个选项,yes 和 no
};
```

配置/etc/named.rfc1912.zones 文件（用于定义根区域和自定义区域），添加如下代码：

```
#add named by www.jfedu.net
zone "jfedu.net" IN {
     type master;
     file "jfedu.net.zone";
     allow-update { none; };
};
zone "1.168.192.in-addr.arpa" IN {
     type master;
     file "jfedu.net.arpa";
     allow-update { none; };
};
```

1.6   DNS 自定义区域详解

DNS 自定义解析区域文件，详解如下：

```
#定义正向解析文件,此处以 jfedu.net 域为例
 zone "jfedu.net" IN {
 type master;                          #定义服务器类型
 file "jfedu.net";                     #指定正向解析文件名
```

```
};
#定义反向解析文件
zone "1.168.192.in-addr.arpa" {
  type master;                      #服务器类型
  file "named.192.168.9" ;          #反向解析文件名
};
```

/var/named/目录创建如下两个文件，其中 *jfedu.net.zone* 正向解析文件内容如下：

```
$TTL 86400
@   IN SOA  ns.jfedu.net.  root (
                42 ; serial
                3H  ; refresh
                15M ; retry
                1W  ; expire
                1D )  ; minimum
@              IN NS          ns.jfedu.net.
ns             IN A           192.168.0.111
www            IN A           192.168.0.111
@              IN MX 10       mail.jfedu.net.
mail           IN A           192.168.0.111
```

在/var/named/目录创建如下两个文件，其中 *jfedu.net.zone* 反向解析文件内容如下：

```
$TTL 86400
@   IN SOA  ns.jfedu.net.  root (
                42  ; serial
                3H  ; refresh
                15M ; retry
                1W  ; expires
                1D )   ; minimum

@   IN NS      ns.jfedu.net.
111 IN PTR     mail.jfedu.net.
111 IN PTR     ns.jfedu.net.
111 IN PTR     www.jfedu.net.
```

1.7　DNS 正反向文件详解

DNS 正反向文件详解如下：

```
$TTL  86400           #外 DNS 服务器请求本 DNS 服务器的查询结果,在外 DNS 服务器上的缓
                      #存时间,以 s 为单位
```

```
@  IN SOA ns.jfedu.net. root. (              #格式为
#【主机名或域名】ttl] [calss] [type] [orgin] [mail]
#主机名或域名一般用@代替。每个区域都有自己的 SOA 记录,此处为指定的域名用@表示当前的源,
#也可以手动指定域名
#SOA 记录(起始授权机构)NS(Name Server)记录(域名服务器)
#ttl: 通常省略
#class: 类别,说明网络类型
#type: 类型,SOA 记录的类型就是 SOA,指明哪个 DNS 服务器对这个区域有授权
#origin: 区域文件资源,这个区域文件资源就是这个域主 DNS 服务器的主机名,注意这里要求是完
#整的主机名,后面一定要加上"."。上例中,"www.jfedu.net."如果没有加后面的点,结果将是
#www.jfedu.net.jfedu.net
#mail: 一般指管理员的邮箱。但和一般的邮箱不同,此处用"."代替了"@",尾部也要加上"."
2009121001  #作为版本控制,当域区文件修改时,序号就增加,辅助服务器对比发现与自己的不
            #同后,就会做出更新,与主服务器同步
28800   #辅助服务器与主服务器进行更新的等待时间。间隔多久与主服务器进行更新,单位为 s
14400   #重试间隔。当辅助服务器请求与主服务器更新失败后,再间隔多久重试传递
720000  #到期时间。当辅助服务器与主服务器之间刷新失败后,辅助服务器还提供多久的授权回
        #答。因为当与主服务器失去联系一定时间(即此处定义的时间)后,辅助服务器会把本
        #地数据当作不可靠的数据,将停止提供查询
#如果主服务器恢复正常,则辅助服务器重新开始计时
86400 ) #最小 TTL,即最小有效时间,表明客户端得到的回答在多长时间内有效。如果 TTL 时间
        #长,则客户端缓存保存时间长,客户端在收到查询结果时开始计时,TTL 时间内有相同
        #的查询周期不再查询服务器,而是直接查自己的缓存;如果 TTL 时间短,则缓存更新
        #的频率快
@       IN   NS   www.jfedu.net.     #ns 记录
www  IN    A     192.168.1.13       #A 记录
ftp        IN  CName  www.jfedu.net. #别名类型
mail  IN   MX 10  192.168.1.12       #邮件交换器
#IN                                  #表示后面的数据使用的是 Internet 标准
#SOA                                 #表示授权开始
#@                                   #代表相应的域名
test.com                            #授权主机
root.test.com                       #管理者信箱
#NS: 表示这个主机是一个域名服务器
#A: 定义了一条 A 记录,即主机名到 IP 地址的对应记录
#MX 定义了一条邮件记录
#CNAME                              #定义了对应主机的一个别名
#type 类型有三种,分别是 master、slave 和 hint,它们的含义分别如下
#master: 表示定义的是主域名服务器
#slave: 表示定义的是辅助域名服务器
#hint: 表示定义的是互联网中的根域名服务器
```

#zone 定义域区,一个 zone 关键字定义一个区域
#PTR 记录用来解析 IP 地址对应的域名
#注释二
#Serial：其格式通常为"年月日+修改次序"
#当辅助服务器要进行资料同步的时候,会比较这个字符串。如果发现在这里的字符串比其记录
#的字符串"大",就进行更新,否则忽略。注意：　Serial 不能超过 10 位数字
#Refresh：告诉辅助服务器隔多久要进行资料同步(是否同步要看 Serial 的比较结果)
#Retry：如果辅助服务器更新失败,要隔多久再进行重试
#Expire：记录逾期时间：当辅助服务器一直未能成功与主服务器取得联系,到这里就放弃重试,
#同时这里的资料也将标识为过期(expired)
#Minimum：最小默认 TTL 值,如果在前面没有用"$TTL"定义,就会以此值为准

第 2 章　HTTP 详解

超文本传送协议（Hypertext Transfer Protocol，HTTP）是互联网上应用最为广泛的一种网络协议。所有的 WWW（万维网）服务器都基于该协议。HTTP 设计最初的目的是提供一种发布 Web 页面和接收 Web 页面的方法。

本章介绍 TCP、HTTP、HTTP 资源定位、HTTP 请求及响应头详细信息、HTTP 状态码及 MIME 类型详解等。

2.1　TCP 与 HTTP

1960 年，美国人 Ted Nelson 构思了一种通过计算机处理文本信息的方法，并称为超文本（Hypertext），为 HTTP 标准架构的发展奠定了根基。Ted Nelson 组织协调万维网协会（World Wide Web Consortium）和因特网工程任务组（Internet Engineering Task Force）共同合作研究，最终发布了一系列的 RFC（征求意见稿），其中著名的 RFC 2616 定义了 HTTP 1.1。

很多读者对 TCP 与 HTTP 存在疑问，这两者有什么区别呢？从应用领域来说，TCP 主要用于数据传输控制，而 HTTP 主要用于应用层面的数据交互，本质上二者没有可比性。

HTTP 属于应用层协议，建立在 TCP 基础之上，以客户端请求和服务器端应答为标准，浏览器通常称为客户端，而 Web 服务器称为服务器端。客户端打开任意一个端口向服务器端的指定端口（默认为 80）发起 HTTP 请求，首先会发起 TCP 三次握手，建立可靠的数据连接通道，然后进行 HTTP 数据交互，如图 2-1 和图 2-2 所示。

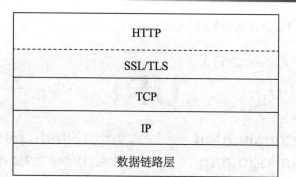

图 2-1　HTTP 与 TCP 关系结构图

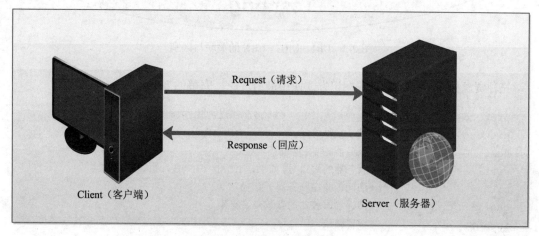

图 2-2　HTTP 客户端与服务器

当客户端请求的数据接收完毕，HTTP 服务器端会断开 TCP 连接，整个 HTTP 连接过程非常短。HTTP 连接也称为无状态的连接。无状态连接是指客户端每次向服务器发起 HTTP 请求时，都会建立一个新的 HTTP 连接，而不是在一个 HTTP 请求的基础上进行所有数据的交互。

2.2　资源定位标识符

关于资源定位及标识有三种：URI、URL 和 URN，三种资源定位详解如下。

（1）URI（Uniform Resource Identifier，统一资源标识符）：用来唯一标识一个资源。

（2）URL（Uniform Resource Locator，统一资源定位器）：一种具体的 URI。URL 可以用来标识一个资源，而且访问或者获取该资源。

（3）URN（Uniform Resource Name，统一资源命名）：通过名称标识或识别资源。

如图 2-3 所示，可以直观区分 URI、URL、URN。

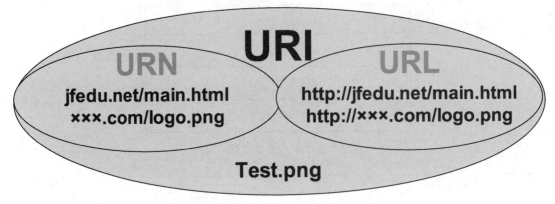

图 2-3　URI、URL、URN 的关联与区别

三种资源标识中，URL 资源标识方式使用最为广泛。完整的 URL 标识格式如下：

```
protocol://host[:port]/path/.../[?query-string][#anchor]
protocol            #基于某种协议,常见协议有 HTTP、HTTPS、FTP、RSYNC 等
host                #服务器的 IP 地址或者域名
port                #服务器的端口号,如果是 HTTP 80 端口,默认可以省略
path                #访问资源在服务器的路径
query-string        #传递给服务器的参数及字符串
anchor-             #锚定结束
```

HTTP URL 案例演示如下：

```
http://www.jfedu.net/newindex/plus/list.php?tid=2#jfedu
protocol:               http;
host:                   www.jfedu.net;
path:                   /newindex/plus/list.php
Query String:           tid=2
Anchor:                 jfedu
```

2.3　HTTP 与端口通信

HTTP Web 服务器默认在本机会监听 80 端口，不仅 HTTP 会开启监听端口，其实每个软件程序在 Linux 系统中运行，以进程的方式启动，程序都会启动并监听本地接口的端口。为什么会引入端口这个概念呢？

端口是 TCP/IP 中应用层进程与传输层协议实体间的通信接口，是操作系统可分配的一种资

源，应用程序通过系统调用与某个端口绑定后，传输层传给该端口的数据会被该进程接收，相应进程发给传输层的数据都通过该端口输出。

在网络通信过程中，需要唯一识别通信两端设备的端点，就是使用端口识别运行于某主机中的应用程序。如果没有引入端口，则只能通过 PID 进程号进行识别，而 PID 进程号是系统动态分配的，不同的系统会使用不同的进程标识符，应用程序在运行之前没有明确的进程号，如果需要运行后再广播进程号则很难保证通信的顺利进行。

引入端口后，就可以利用端口号识别应用程序，同时通过固定端口号识别和使用某些公共服务，例如 HTTP 默认使用 80 端口，FTP 使用 21、20 端口，MySQL 则使用 3306 端口。

使用端口还有一个原因是随着计算机网络技术的发展，物理机器上的硬件接口已不能满足网络通信的要求，而 TCP/IP 协议模型作为网络通信的标准就解决了这个通信难题。

TCP/IP 中引入了一种被称为套接字（Socket）的应用程序接口。基于 Socket 接口技术，一台计算机就可以与任何一台具有 Socket 接口的计算机进行通信，而监听的端口在服务器端又被称为 Socket 接口。

2.4　HTTP Request 与 Response 详解

客户端浏览器向 Web 服务器发起 Request，Web 服务器接到 Request 后进行处理，会生成相应的 Response 信息返回给浏览器。客户端浏览器收到服务器返回的 Response 信息，会对信息进行解析处理，最终用户看到浏览器展示 Web 服务器的网页内容。

客户端发起的 Request 消息分为三部分，包括 Request Line（请求行）、Request Header（请求头部）和 Body（请求数据），如图 2-4 所示。

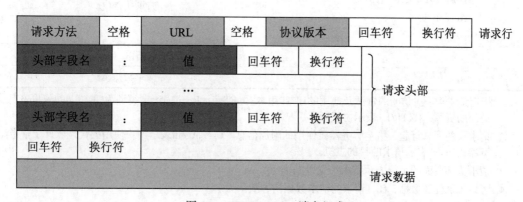

图 2-4　HTTP Request 消息组成

UNIX/Linux 系统中执行 curl –v 命令可以打印访问 Web 服务器的 Request 及 Response 详细处理流程，如图 2-5 所示。

```
curl -v http://192.168.111.131/index.html
```

```
[root@www-jfedu-net ~]# curl -v http://192.168.111.131/index.html
* About to connect() to 192.168.111.131 port 80 (#0)
*   Trying 192.168.111.131...
* Connected to 192.168.111.131 (192.168.111.131) port 80 (#0)
> GET /index.html HTTP/1.1
> User-Agent: curl/7.29.0
> Host: 192.168.111.131
> Accept: */*
>
< HTTP/1.1 200 OK
< Date: Tue, 09 May 2017 03:57:01 GMT
< Server: Apache/2.2.32 (Unix)
< Last-Modified: Mon, 08 May 2017 11:13:06 GMT
< ETag: "4144ba9-1d-54f0152cde8ba"
< Accept-Ranges: bytes
< Content-Length: 29
< Content-Type: text/html
<
<h1> www.jf1.com  Pages</h1>
* Connection #0 to host 192.168.111.131 left intact
[root@www-jfedu-net ~]#
```

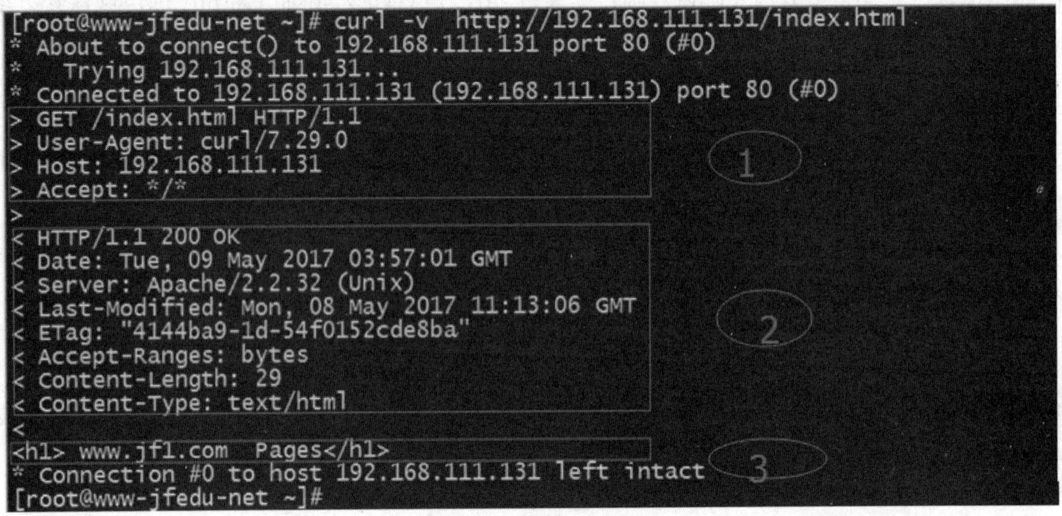

图 2-5 Request（请求）及 Response（响应）流程

（1）Request 信息详解如表 2-1 所示。

表 2-1 Request信息详解

代　码	说　明
GET /index.html　HTTP/1.1	请求行①
User–Agent: curl/7.19.7 Host: 192.168.111.131 Accept: */* …	请求头部②
>	空行③
>	请求数据④

注：① 指定请求类型、访问的资源及使用的HTTP版本。GET表示Request请求类型为GET，/index.html表示访问的资源，HTTP/1.1表示协议版本。

② 请求行的下一行起，指定服务器要使用的附加信息。User-Agent表示用户使用的代理软件，常指浏览器；HOST表示请求的目的主机。

③ 请求头部后面的空行表示请求头发送完毕。

④ 可以添加任意数据，GET请求的请求数据内容默认为空。

（2）Response 信息详解如表 2-2 所示。

表 2-2　Response信息详解

代　码	说　明
HTTP/1.1 200 OK	响应行①
Server: nginx/1.10.1 Date: Thu, 11 May 2021 Content−Type: text/html …	响应头部②
>	空行③
<h1>www.jf1.com Pages</h1>	响应数据④

注：① 包括HTTP版本号、状态码、状态消息。HTTP/1.1表示HTTP版本号，200表示返回状态码，OK表示状态消息。

② 响应头部附加信息。Date表示生成响应的日期和时间，Content−Type表示指定MIME类型的HTML，编码类型是UTF−8，记录文件资源的Last−Modified时间。

③ 表示消息报头响应完毕。

④ 服务器返回给客户端的文本信息。

（3）根据请求的资源不同，有如下请求方法。

GET 方法，向特定的资源发出请求，获取服务器端数据。

POST 方法，向 Web 服务器提交数据进行处理请求，常指提交新数据。

PUT 方法，向 Web 服务器提交上传最新内容，常指更新数据。

DELETE 方法，请求删除 Request−URL 所标识的服务器资源。

TRACE 方法，回显服务器收到的请求，主要用于测试或诊断。

CONNECT 方法，HTTP/1.1 中预留给能够将连接改为管道方式的代理服务器。

OPTIONS 方法，返回服务器针对特定资源所支持的 HTTP 请求方法。

HEAD 方法，与 GET 方法相同，只不过服务器响应时不会返回消息体。

2.5　HTTP 1.0/1.1 区别

HTTP 定义服务器端和客户端之间文件传输的沟通方式为 HTTP 1.0 运行方式，如图 2-6 所示。

（1）如图 2-6 所示，基于 HTTP 的客户端/服务器模式的信息交换分四个过程，即建立连接、发出请求信息、发出响应信息、关闭连接。

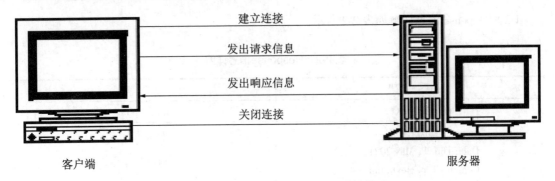

图 2-6　HTTP 1.0 客户端、服务器传输模式

（2）浏览器与 Web 服务器的连接过程是短暂的，每次连接只处理一个请求和响应。对每一个页面的访问，浏览器与 Web 服务器都要建立一次单独的连接。

（3）浏览器到 Web 服务器之间的所有通信都是完全独立的请求和响应。

HTTP 1.1 运行方式如图 2-7 所示。

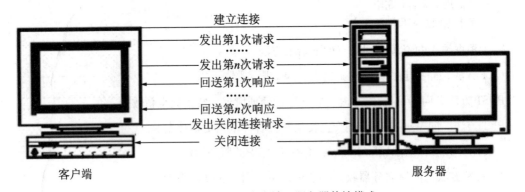

图 2-7　HTTP 1.1 客户端、服务器传输模式

（1）在一个 TCP 连接上可以传送多个 HTTP 请求和响应。

（2）多个请求和响应过程可以重叠。

（3）增加了更多的请求头和响应头，如 Host、If-Unmodified-Since 请求头等。

2.6　HTTP 状态码详解

HTTP 状态码（HTTP Status Code）是用来表示 Web 服务器 HTTP Response 状态的三位数字代码。常见的状态码范围分类如下：

100～199 用于指定客户端相应的某些动作；

200～299 用于表示请求成功；

300～399 已移动的文件且被包含在定位头信息中指定新的地址信息；

400～499 用于指出客户端的错误；

500～599 用于支持服务器错误。

HTTP Response 常用状态码详解如表 2-3 所示。

表 2-3　HTTP Response常用状态码讲解

HTTP状态码	状态码英文含义	状态码中文含义
100	Continue	HTTP/1.1新增状态码，表示继续，客户端继续请求HTTP服务器
101	Switching Protocols	服务器根据客户端的请求切换协议，切换到HTTP的新版本协议
200	OK	HTTP请求完成。常用于GET、POST请求中
301	Moved Permanently	永久移动。请求的资源已被永久地移动到新URI
302	Found	临时移动。资源临时被移动，客户端应继续使用原有URI
304	Not Modified	文件未修改。请求的资源未修改，服务器返回此状态码时，常用于缓存
400	Bad Request	客户端请求的语法错误，服务器无法解析或者访问
401	Unauthorized	请求要求用户的身份认证
402	Payment Required	此状态码保留，为以后使用
403	Forbidden	服务器理解请求客户端的请求，但是拒绝执行此请求
404	Not Found	服务器没有该资源，请求的文件找不到
405	Method Not Allowed	客户端请求中的方法被禁止
406	Not Acceptable	服务器无法根据客户端请求的内容特性完成请求
499	Client has closed connection	服务器端处理的时间过长
500	Internal Server Error	服务器内部错误，无法完成请求
502	Bad Gateway	服务器返回错误代码或者代理服务器错误的网关
503	Service Unavailable	服务器无法响应客户端请求，或者后端服务器异常
504	Gateway Time-out	网关超时或者代理服务器超时
505	HTTP Version not supported	服务器不支持请求的HTTP的版本，无法完成处理

2.7　HTTP MIME 类型支持

浏览器接收到 Web 服务器的 Response 信息会进行解析。在解析页面之前，浏览器必须启动本地相应的应用程序处理获取到的文件类型。

基于 MIME（Multipurpose Internet Mail Extensions，多用途互联网邮件扩展）类型可以指定在客户端打开的应用程序，当该扩展名文件被访问的时候，浏览器会自动使用指定应用程序打开。设计之初是为了在发送电子邮件时附加多媒体数据，让邮件客户程序能根据其类型进行处理，被 HTTP 支持之后，它使得 HTTP 不仅可以传输普通的文本，还可以传输更多文件类型、多媒体音视频等。

在 HTTP 中，HTTP Response 消息的 MIME 类型被定义在 Content-Type Header 中，如 Content-Type: text/html，表示默认指定该文件为 HTML 类型，在浏览器端会以 HTML 格式处理。

在最早的 HTTP 中并没有附加的数据类型信息，所有传送的数据都被客户程序解释为超文本标记语言（HTML）文档。为了支持多媒体数据类型，新版 HTTP 中使用了附加在文档之前的 MIME 数据类型信息标识数据类型，如表 2-4 所示。

表 2-4　HTTP MIME类型详解

MIME-Types（MIME类型）	Dateiendung（扩展名）	Bedeutung（描述）
application/msexcel	*.xls *.xla	Microsoft Excel Dateien
application/mshelp	*.hlp *.chm	Microsoft Windows Hilfe Dateien
application/mspowerpoint	*.ppt *.ppz *.pps *.pot	Microsoft Powerpoint Dateien
application/msword	*.doc *.dot	Microsoft Word Dateien
application/octet-stream	*.exe	exe
application/pdf	*.pdf	Adobe PDF-Dateien
application/post******	*.ai *.eps *.ps	Adobe Post******-Dateien
application/rtf	*.rtf	Microsoft RTF-Dateien
application/x-httpd-php	*.php *.phtml	PHP-Dateien
application/x-java******	*.js	serverseitige Java******-Dateien
application/x-shockwave-flash	*.swf *.cab	Flash Shockwave-Dateien
application/zip	*.zip	ZIP-Archivdateien
audio/basic	*.au *.snd	Sound-Dateien
audio/mpeg	*.mp3	MPEG-Dateien

续表

MIME-Types（MIME类型）	Dateiendung（扩展名）	Bedeutung（描述）
audio/x-midi	*.mid *.midi	MIDI-Dateien
audio/x-mpeg	*.mp2	MPEG-Dateien
audio/x-wav	*.wav	Wav-Dateien
image/gif	*.gif	GIF-Dateien
image/jpeg	*.jpeg *.jpg *.jpe	JPEG-Dateien
image/x-windowdump	*.xwd	X-Windows Dump
text/css	*.css	CSS Stylesheet-Dateien
text/html	*.htm *.html *.shtml	-Dateien
text/java******	*.js	Java******-Dateien
text/plain	*.txt	reine Textdateien
video/mpeg	*.mpeg *.mpg *.mpe	MPEG-Dateien
video/vnd.rn-realvideo	*.rmvb	realplay-Dateien
video/quicktime	*.qt *.mov	Quicktime-Dateien
video/vnd.vivo	*viv *.vivo	Vivo-Dateien

第 3 章　Apache Web 服务器

企业实战

万维网（World Wide Web，WWW）服务器，也称为 Web 服务器，主要功能是提供网上信息浏览服务。WWW 是 Internet 的多媒体信息查询工具，是 Internet 上飞快发展的服务，也是目前应用最广泛的服务。正是因为有了 WWW 软件，才使得近年来 Internet 迅速发展。

目前主流的 Web 服务器软件包括 Apache、Nginx、Lighttpd、IIS、Resin、Tomcat、WebLogic、Jetty 等。

本章介绍 Apache Web 服务器发展历史、Apache 工作模式深入剖析、Apache 虚拟主机、配置文件详解及 Apache Rewrite 企业实战等。

3.1　Apache Web 服务器简介

Apache HTTP Server 是 Apache 软件基金会的一个开源的网页服务器，可以运行在几乎所有广泛使用的计算机平台上，由于其跨平台和安全性被广泛使用，是目前最流行的 Web 服务器端软件之一。

Apache 服务器是一个多模块化的服务器，经过多次修改，成为目前世界使用排名第一的 Web 服务器软件。Apache 取自"A Patchy Server"的读音，即充满补丁的服务器，因为 Apache 基于 GPL 发布，大量开发者不断为 Apache 贡献新的代码、功能、特性，并修改原来的缺陷。

Apache 服务器的特点是使用简单、速度快、性能稳定，可以作为负载均衡及代理服务器。

3.2　Prefork MPM 工作原理

每辆汽车都有发动机引擎，使用不同的引擎，汽车运行效率也不一样。同样，Apache 也有类似的工作引擎或者处理请求的模块，可称为多路处理模块（Multi-Processing Modules，MPM）。Apache Web 服务器有三种处理模块：Prefork MPM、Worker MPM 和 Event MPM。

在企业中较常用的处理模块为 Prefork MPM 和 Worker MPM，Event MPM 不支持 HTTPS 方式，官网也给出"This MPM is experimental，so it may or may not work as expected"的提示，所以很少被使用。

默认 Apache 处理模块为 Prefork MPM 方式，Prefork 采用的是预派生子进程方式，Prefork 用单独的子进程处理不同的请求，进程之间是彼此独立的，所以比较稳定。

Prefork 的工作原理：控制进程 Master 在最初建立 StartServers 个进程后，为了满足 MinSpareServers 设置的最小空闲进程，需创建第一个空闲进程；等待 1s，继续创建两个；再等待 1s，继续创建四个……依次按照递增指数级创建进程数，最多每秒同时创建 32 个空闲进程，直到满足至少达到 MinSpareServers 设置的值为止。

Apache 的预派生模式（Prefork）：基于预派生模式，不必在请求到来时再产生新的进程，从而减小了系统开销以增加性能，不过由于 Prefork MPM 引擎是基于多进程方式提供对外服务的，故每个进程所占内存也相对较高。

3.3　Worker MPM 工作原理

相对于 Prefork MPM，Worker 方式是 2.0 版中全新的支持多线程和多进程混合模型的 MPM，由于使用线程来处理，所以可以处理海量的 HTTP 请求，而系统资源的开销要小于基于 Prefork 多进程的方式。Worker 也是基于多进程的，但每个进程又生成多个线程，这样可以保证多线程获得进程的稳定性。

Worker MPM 的工作原理：控制进程 Master 在最初建立 StartServers 个进程，每个进程会创建 ThreadsPerChild 设置的线程数，多个线程共享该进程内存空间，同时每个线程独立地处理用户的 HTTP 请求。为了不在请求到来时再生成线程，Worker MPM 也可以设置最大和最小空闲线程。

Worker MPM 模式下同时处理的请求总数=进程总数×ThreadsPerChild，即等于 MaxClients。

如果服务器负载很高，当前进程数不满足需求，Master 控制进程会建立新的进程，最大进程数不能超过 ServerLimit 值；如果需调整 StartServers 进程数，需同时调整 ServerLimit 值。

Prefork MPM 与 Worker MPM 引擎区别小结如下。

（1）Prefork MPM 模式：使用多个进程，每个进程只有一个线程；每个进程在某个确定的时间只能维持一个连接；稳定，内存开销较高。

（2）Worker MPM 模式：使用多个进程，每个子进程包含多个线程，每个线程在某个确定的时间只能维持一个连接。内存占用量比较小，适合大并发、高流量的 Web 服务器。Worker MPM 的缺点是一旦其中一个线程崩溃，整个进程就会一起崩溃。

3.4　Apache Web 服务器安装

（1）从 Apache 官方分站点下载 2.4.54 版本。

（2）Apache Web 服务器安装步骤如下：

```
#tar 工具解压 httpd 包
tar -xzvf httpd-2.4.54.tar.gz
#进入解压后目录
cd httpd-2.4.54/
#安装 APR 相关优化模块
yum install apr apr-devel apr-util apr-util-devel -y
#预编译 Apache,启用 rewrite 规则、启用动态加载库、开启 Apache 三种工作引擎,如果开启
#模块支持,需要添加配置
./configure --prefix=/usr/local/apache/ --enable-rewrite --enable-so
--enable-mpms-shared=all
#编译
make
#安装
make install
```

（3）Apache 2.4.54 安装完毕，如图 3-1 所示。

（4）启动 Apache 服务，临时关闭 selinux、firewalld 防火墙，操作指令如下：

```
/usr/local/apache/bin/apachectl start
setenforce 0
systemctl stop firewalld.service
```

```
mkdir /usr/local/apache/icons
mkdir /usr/local/apache/logs
Installing CGIs
mkdir /usr/local/apache/cgi-bin
Installing header files
mkdir /usr/local/apache/include
Installing build system files
mkdir /usr/local/apache/build
Installing man pages and online manual
mkdir /usr/local/apache/man
mkdir /usr/local/apache/man/man1
mkdir /usr/local/apache/man/man8
mkdir /usr/local/apache/manual
make[1]: 离开目录"/usr/src/httpd-2.4.54"
[root@node1 httpd-2.4.54]# ls /usr/local/apache/
```

图 3-1　Apache 2.4.54 安装图解

（5）查看 Apache 服务进程，通过客户端浏览器访问 http://192.168.111.131/，如图 3-2 和图 3-3 所示。

```
[root@node1 httpd-2.4.54]# /usr/local/apache/bin/apachectl start
AH00558: httpd: Could not reliably determine the server's fully qualified domain name, using 192.
168.111.131. Set the 'ServerName' directive globally to suppress this message
[root@node1 httpd-2.4.54]# ps -ef  | grep httpd
root       21004      1  0 15:25 ?        00:00:00 /usr/local/apache//bin/httpd -k start
daemon     21005  21004  0 15:25 ?        00:00:00 /usr/local/apache//bin/httpd -k start
daemon     21006  21004  0 15:25 ?        00:00:00 /usr/local/apache//bin/httpd -k start
daemon     21007  21004  0 15:25 ?        00:00:00 /usr/local/apache//bin/httpd -k start
root       21091   1204  0 15:25 pts/0    00:00:00 grep --color=auto httpd
```

图 3-2　Apache 启动及查看进程

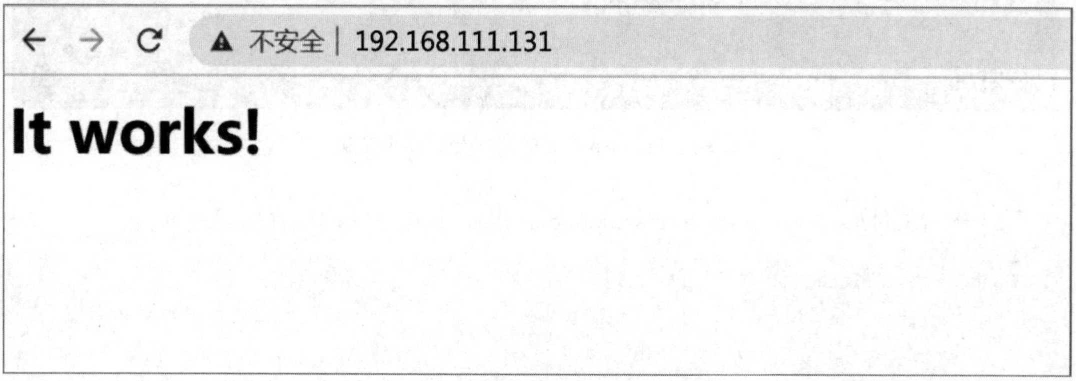

图 3-3　浏览器访问 Apache Web 服务器

3.5　Apache 虚拟主机企业应用

企业真实环境中，一台 Web 服务器发布单个网站会非常浪费资源，所以一台 Web 服务器上会发布多个网站，少则 3～5 个，多则 20～30 个。

在一台服务器上发布多个网站，也称为部署多个虚拟主机，Web 虚拟主机配置方法有三种。

（1）基于同一个 IP 地址、不同的访问端口。

（2）基于同一个端口、不同的访问 IP 地址。

（3）基于同一个 IP 地址、同一个访问端口、不同的访问域名。

其中，基于同一个 IP 地址、同一个访问端口、不同的访问域名的方式在企业中得到广泛的使用和应用。基于一个端口不同域名，在一台 Apache Web 服务器上部署多个网站，步骤如下。

（1）创建虚拟主机配置文件 httpd-vhosts.conf，该文件默认已存在，只需去掉 httpd.conf 配置文件中的#号即可，如图 3-4 所示。

```
# User home directories
#Include conf/extra/httpd-userdir.conf

# Real-time info on requests and configuration
#Include conf/extra/httpd-info.conf

# Virtual hosts
Include conf/extra/httpd-vhosts.conf

# Local access to the Apache HTTP Server Manual
#Include conf/extra/httpd-manual.conf

# Distributed authoring and versioning (WebDAV)
#Include conf/extra/httpd-dav.conf
```

图 3-4　httpd.conf 配置文件开启虚拟主机

（2）配置文件/usr/local/apache/conf/extra/httpd-vhosts.conf 中代码设置如下：

```
NameVirtualHost *:80
<VirtualHost *:80>
    ServerAdmin support@jfedu.net
    DocumentRoot "/usr/local/apache/htdocs/jf1"
    ServerName www.jf1.com
    ErrorLog "logs/www.jf1.com_error_log"
    CustomLog "logs/www.jf1.com_access_log" common
</VirtualHost>
```

```
<VirtualHost *:80>
    ServerAdmin support@jfedu.net
    DocumentRoot "/usr/local/apache/htdocs/jf2"
    ServerName www.jf2.com
    ErrorLog "logs/www.jf2.com_error_log"
    CustomLog "logs/www.jf2.com_access_log" common
</VirtualHost>
```

httpd-vhosts.conf 参数详解如下：

```
NameVirtualHost *:80                                 #开启虚拟主机,并监听本地所有网卡接口的 80 端口
<VirtualHost *:80>                                   #虚拟主机配置起始
    ServerAdmin support@jfedu.net                    #管理员邮箱
    DocumentRoot "/usr/local/apache/htdocs/jf1"      #该虚拟主机发布目录
    ServerName www.jf1.com                           #虚拟主机完整域名
    ErrorLog "logs/www.jf1.com_error_log"            #错误日志路径及文件名
    CustomLog "logs/www.jf1.com_access_log" common   #访问日志路径及文件名
</VirtualHost>                                        #虚拟主机配置结束
```

（3）创建 www.jf1.com 及 www.jf2.com 发布目录，重启 Apache 服务，并分别创建 index.html 页面：

```
mkdir -p /usr/local/apache/htdocs/{jf1,jf2}/
/usr/local/apache/bin/apachectl restart
echo "<h1> www.jf1.com Pages</h1>" >/usr/local/apache/htdocs/jf1/index.
html
echo "<h1> www.jf2.com Pages</h1>" >/usr/local/apache/htdocs/jf2/index.
html
```

（4）Windows 客户端设置 hosts 映射，将 www.jf1.com、www.jf2.com 与 Apache 所在的服务器 IP 地址进行映射绑定。映射的目的将域名跟 IP 地址进行绑定，在浏览器可以输入域名，不需要输入 IP 地址，绑定方法是在 "C:\Windows\System32\drivers\etc" 文件夹中，使用记事本编辑 hosts 文件，加入如下代码：

```
192.168.111.131  www.jf1.com
192.168.111.131  www.jf2.com
```

（5）浏览器访问 www.jf1.com、www.jf2.com，如图 3-5 所示，至此 Apache 基于多域名虚拟主机配置完毕，如果还需添加虚拟主机，直接复制其中一个虚拟主机配置，修改 Web 发布目录即可。

（a）www.jf1.com 网站返回内容

（b）www.jf2.com 网站返回内容

图 3-5　网站返回内容

3.6　Apache 常用目录学习

Apache 可以基于源码、YUM 安装。不同的安装方法，所属的路径不同，以下为 Apache 常用路径的功能及用途：

```
/usr/lib64/httpd/modules/          #Apache 模块存放路径
/var/www/html/                     #YUM 安装 Apache 网站发布目录
/var/www/error/                    #服务器设置错误信息，浏览器显示
var/www/icons/                     #Apache 小图标文件存放目录
var/www/cgi-bin/                   #可执行的 CGI 程序存放目录
/var/log/httpd/                    #Apache 日志目录
```

```
/usr/sbin/apachectl                  #Apache 启动脚本
/usr/sbin/httpd                      #Apache 二进制执行文件
/usr/bin/htpasswd                    #设置 Apache 目录密码访问
/usr/local/apache/bin                #Apache 命令目录
/usr/local/apache/build              #Apache 构建编译目录
/usr/local/apache/htdocs/            #源码安装 Apache 网站发布目录
/usr/local/apache/cgi-bin            #可执行的 CGI 程序存放目录
/usr/local/apache/include            #Apache 引用配置文件目录
/usr/local/apache/logs               #Apache 日志目录
/usr/local/apache/man                #Apache 帮助文档目录
/usr/local/apache/manual             #Apache 手册
/usr/local/apache/modules            #Apache 模块路径
```

3.7　Apache 配置文件详解

Apache 的配置文件是 Apache Web 的难点，读者需要掌握配置文件中每个参数的含义，才能理解并在日常运维中解决 Apache 遇到的故障。以下为 Apache 配置文件详解。

```
ServerTokens OS                      #显示服务器的版本和操作系统内核版本
ServerRoot  "/usr/local/apache/"     #Apache 主配置目录
PidFile run/httpd.pid                #PidFile 进程文件
Timeout 60                           #不论接收或发送，当持续连接等待超过 60s 则该次连接就中断
KeepAlive Off                        #关闭持续性的连接
MaxKeepAliveRequests 100             #当 KeepAlive 设置为 On 时，该数值可以决定此
                                     #次连接能够传输的最大传输数量
KeepAliveTimeout 65                  #当 KeepAlive 设置为 On 时，该连接在最后一次
                                     #传输后等待延迟的秒数
<IfModule prefork.c>                 #Prefork MPM 引擎配置段
StartServers        8                #默认启动 Apache 工作进程数
MinSpareServers    5                 #最小空闲进程数
MaxSpareServers    20                #最大空闲进程数
ServerLimit     4096                 #Apache 服务器最多进程数
MaxClients      4096                 #每秒支持的最大客户端并发
MaxRequestsPerChild  4000            #每个进程能处理的最大请求数
</IfModule>
<IfModule worker.c>                  #Worker MPM 引擎配置段
StartServers        8                #默认启动 Apache 工作进程数
MaxClients      4000                 #每秒支持的最大客户端并发
MinSpareThreads    25                #最小空闲线程数
MaxSpareThreads    75                #最大空闲线程数
```

```
ThreadsPerChild      75              #每个进程启动的线程数
MaxRequestsPerChild  0               #每个进程能处理的最大请求数,0 表示无限制
</IfModule>
LoadModule  mod_version.so           #静态加载 Apache 相关模块
ServerAdmin support@jfedu.net   #管理员邮箱。网站异常时,错误信息会发送至该邮箱
DocumentRoot  "/usr/local/apache/htdocs/"      #Apache 网站默认发布目录
<Directory "/data/webapps/www1">   设置/data/webapps/www1 目录权限
    AllowOverride All
    Options -Indexes FollowSymLinks
    Order allow,deny
    Allow from all
</Directory>
AllowOverride                        #设置为 None 时,目录中.htaccess 文件将被完全忽
                                     #略;当指令设置为 All 时,.htaccess 文件生效
Options -Indexes FollowSymLinks      #禁止浏览目录,去掉"-",表示浏览目录,常用
                                     #于下载站点
Order     allow,deny                 #默认情况下禁止所有客户机访问
Order     deny,allow                 #默认情况下允许所有客户机访问
Allow     from all                   #允许所有客户机访问
```

3.8　Apache Rewrite 规则实战

Rewrite 规则也称为规则重写，主要功能是实现浏览器访问 HTTP URL 的跳转，其正则表达式基于 Perl 语言。通常而言，几乎所有的 Web 服务器均可以支持 URL 重写。Rewrite URL 规则重写的用途如下。

（1）对搜索引擎优化（Search Engine Optimization，SEO）友好，有利于搜索引擎抓取网站页面。

（2）隐藏网站 URL 真实地址，浏览器显示更加美观。

（3）网站变更升级，可以基于 Rewrite 临时重定向到其他页面。

Apache Web 服务器如需要使用 Rewrite 功能，须添加 Rewrite 模块，基于源码安装时指定参数"--enable-rewrite"。还有一种方法可以动态添加模块，即以 DSO 模式安装 Apache，利用模块源码和 Apache apxs 工具完成 Rewrite 模块的添加。

使用 Apache Rewrite，除了安装 Rewrite 模块之外，还需在 httpd.conf 中的全局配置段或者虚拟主机配置段设置如下指令开启 Rewrite 功能。

```
RewriteEngine on
```

Apache Rewrite 规则使用中有三个概念需要理解，分别是 Rewrite 结尾标识符、Rewrite 规则常用表达式、Apache Rewrite 变量。

（1）Apache Rewrite 结尾标识符，用于 Rewrite 规则末尾，表示规则的执行属性。

```
R[=code](force redirect)           #强制外部重定向
G(force URL to be gone)            #强制 URL 为 GONE,返回 410HTTP 状态码
P(force proxy)                     #强制使用代理转发
L(last rule)                       #匹配当前规则为最后一条匹配规则,停止匹配后续规则
N(next round)                      #重新从第一条规则开始匹配
C(chained with next rule)          #与下一条规则关联
T=MIME-type(force MIME type)       #强制 MIME 类型
NC(no case)                        #不区分大小写
```

（2）Apache Rewrite 规则常用表达式，主要用于匹配参数、字符串及过滤设置。

```
.                                  #匹配任何单字符
[word]                             #匹配字符串：word
[^word]                            #不匹配字符串：word
jfedu|jfteach                      #可选择的字符串：jfedu|jfteach
?                                  #匹配 0～1 个字符
*                                  #匹配 0 到多个字符
+                                  #匹配 1 到多个字符
^                                  #字符串开始标志
$                                  #字符串结束标志
\n                                 #转义符标志
```

（3）Apache Rewrite 变量，常用于匹配 HTTP 请求头信息、浏览器主机名、URL 等。

```
HTTP headers:HTTP_USER_AGENT, HTTP_REFERER, HTTP_COOKIE, HTTP_HOST, HTTP_
ACCEPT;
connection & request: REMOTE_ADDR, QUERY_STRING;
server internals: DOCUMENT_ROOT, SERVER_PORT, SERVER_PROTOCOL;
system stuff: TIME_YEAR, TIME_MON, TIME_DAY
#详解如下
HTTP_USER_AGENT                    #用户使用的代理,例如浏览器
HTTP_REFERER                       #告知服务器是从哪个页面来访问的
HTTP_COOKIE                        #客户端缓存,主要用于存储用户名和密码等信息
HTTP_HOST                          #匹配服务器 ServerName 域名
HTTP_ACCEPT                        #客户端的浏览器支持的 MIME 类型
REMOTE_ADDR                        #客户端的 IP 地址
```

```
QUERY_STRING                    #URL 中访问的字符串
DOCUMENT_ROOT                   #服务器发布目录
SERVER_PORT                     #服务器端口
SERVER_PROTOCOL                 #服务器端协议
TIME_YEAR                       #年
TIME_MON                        #月
TIME_DAY                        #日
```

（4）Rewrite 规则实战案例，以下配置均配置在 httpd.conf 或者 vhosts.conf 文件中，企业中常用的 Rewrite 案例如下。

① 将 jfedu.net 跳转至 www.jfedu.net。

```
RewriteEngine on                                    #启用 Rewrite 引擎
RewriteCond  %{HTTP_HOST}  ^jfedu.net      [NC]    #匹配以 jfedu.net 开头的域
                                                    #名,NC 忽略大小写
RewriteRule ^/(.*)$ http://www.jfedu.net/$1 [L]    #(.*)表示任意字符串,$1
                                                    #表示引用(.*)中的任意内容
```

② 从 www.jf1.com www.jf2.com jfedu.net 跳转至 www.jfedu.net，OR 表示或者。

```
RewriteEngine on
RewriteCond  %{HTTP_HOST}  www.jf1.com        [NC,OR]
RewriteCond  %{HTTP_HOST}  www.jf2.com        [NC,OR]
RewriteCond  %{HTTP_HOST}  ^jfedu.net         [NC]
RewriteRule ^/(.*)$ http://www.jfedu.net/$1   [L]
```

③ 访问 www.jfedu.net 首页，跳转至 www.jfedu.net/newindex/，R=301 表示永久重定向。

```
RewriteEngine on
RewriteRule ^/$ http://www.jfedu.net/newindex/  [L,R=301]
```

④ 访问/newindex/plus/view.php?aid=71，跳转至 http://www.jfedu.net/linux/。

```
RewriteEngine on
RewriteCond  %{QUERY_STRING}  ^tid=(.+)$    [NC]
RewriteRule  ^/forum\.php$      /jfedu/thread-new-%1.html? [R=301,L]
```

⑤ 访问 www.jfedu.net 首页，内容访问 www.jfedu.net/newindex/，但是浏览器 URL 地址不改变。

```
RewriteEngine on
RewriteCond  %{HTTP_HOST}  ^www.jfedu.net          [NC]
RewriteRule  ^/$           /newindex/              [L]
```

⑥ 访问/forum.php?tid=107258，跳转至/jfedu/thread-new-107258.html。

```
RewriteEngine on
RewriteCond  %{QUERY_STRING}  ^tid=(.+)$     [NC]
RewriteRule  ^/forum\.php$       /jfedu/thread-new-%1.html? [R=301,L]
```

⑦ 访问/xxx/123456，跳转至/xxx?id=123456。

```
RewriteEngine on
rewriteRule  ^/(.+)/(\d+)$  /$1?id=$2  [L,R=301]
```

⑧ 判断是否使用移动端访问网站，移动端访问跳转至 m.jfedu.net。

```
RewriteEngine on
RewriteCond %{HTTP_USER_AGENT} ^iPhone            [NC,OR]
RewriteCond %{HTTP_USER_AGENT} ^Android           [NC,OR]
RewriteCond %{HTTP_USER_AGENT} ^WAP               [NC]
RewriteRule ^/$            http://m.jfedu.net/index.html   [L,R=301]
RewriteRule ^/(.*)/$       http://m.jfedu.net/$1           [L,R=301]
```

⑨ 访问/10690/jfedu/123，跳转至/index.php?tid/10690/items=123，[0-9]表示任意一个数字，+
表示多个，(.+)表示任何多个字符。

```
RewriteEngine on
RewriteRule ^/([0-9]+)/jfedu/(.+)$ /index.php?tid/$1/items=$2 [L,R=301]
```

第 4 章　MySQL 服务器企业实战

MySQL 是一个关系数据库管理系统，由瑞典 MySQL AB 公司开发，目前属于 Oracle 旗下公司。在 Web 应用方面，MySQL 是非常好的 RDBMS（Relational Database Management System，关系数据库管理系统）应用软件之一。

本章介绍关系数据库特点、MySQL 数据库引擎特点、数据库安装配置、SQL 案例操作、数据库索引、慢查询、MySQL 数据库集群实战等。

4.1　MySQL 数据库入门简介

MySQL 是一种关联数据库管理系统，关联数据库将数据保存在不同的表中，而不是将所有数据保存在一个大仓库内，这样就提升了速度并提高了灵活性。MySQL 所使用的 SQL 语言是用于访问数据库的最常用标准化语言。

MySQL 数据库主要用于存储各类信息数据，例如员工姓名、身份证 ID、商城订单及金额、销售业绩及报告、学生考试成绩、网站帖子、论坛用户信息、系统报表等。

MySQL 软件采用了双授权政策，分为社区版和商业版，由于其体积小、速度快、总体拥有成本低，尤其是开放源码这一特点，一般中小型网站都选择 MySQL 作为网站数据库。其社区版的性能卓越，搭配 PHP 和 Apache 可组成良好的开发环境。

关系数据库管理系统将数据组织为相关的行和列的系统。常用的关系数据库软件有 MySQL、MariaDB、Oracle、SQL Server、PostgreSQL、DB2 等。

RDBMS 数据库的特点如下。

（1）数据以表格的形式出现。

（2）每行记录数据的真实内容。

（3）每列记录数据真实内容的数据域。

（4）无数的行和列组成一张表。

（5）若干的表组成一个数据库。

目前的主流架构是 LAMP（Linux+Apache+MySQL+PHP），MySQL 更是得到各位 IT 运维和数据库管理员的青睐。虽然 MySQL 数据库已被 Oracle 公司收购，不过好消息是原来的 MySQL 创始人已独立出来并重新开发了 MariaDB 数据库，开源免费，目前越来越多的人开始尝试使用。MariaDB 数据库兼容 MySQL 数据库所有的功能和相关参数。

MySQL 数据库运行在服务器前，需要选择启动的引擎，好比一辆轿车，性能好的发动机会提升轿车的性能，使其启动、运行更加高效。同样，MySQL 也有类似发动机的引擎，这里称为 MySQL 引擎。

MySQL 引擎包括 ISAM、MyISAM、BDB、Memory、InnoDB、CSV、BLACKHOLE、Archive、Performance_Schema、Berkeley、Merge、Federated、Cluster/NDB 等，其中 MyISAM 和 InnoDB 使用较为广泛。表 4-1 所示为各引擎功能的对比。

表 4-1　各引擎功能对比

引 擎 特 性	MyISAM	BDB	Memory	InnoDB	Archive
批量插入的速度	高	高	高	中	非常高
集群索引	不支持	不支持	不支持	支持	不支持
数据缓存	不支持	不支持	支持	支持	不支持
索引缓存	支持	不支持	支持	支持	不支持
数据可压缩	支持	不支持	不支持	不支持	支持
硬盘空间使用	低	低	NULL	高	非常低
内存使用	低	低	中等	高	低
外键支持	不支持	不支持	不支持	支持	不支持
存储限制	没有	没有	有	64TB	没有
事务安全	不支持	支持	不支持	支持	不支持
锁机制	表锁	页锁	表锁	行锁	行锁
B树索引	支持	支持	支持	支持	不支持
哈希索引	不支持	不支持	支持	支持	不支持
全文索引	支持	不支持	不支持	不支持	不支持

性能总结如下：MyISAM MySQL 5.0 之前的默认数据库引擎最为常用，拥有较高的插入和查询速度，但不支持事务。

InnoDB 为事务型数据库的首选引擎，支持 ACID 事务。ACID 包括原子性（Atomicity）、一致性（Consistency）、隔离性（Isolation）和持久性（Durability），一个支持事务（Transaction）的数据库，必须要具有这四种特性，否则在执行事务过程中无法保证数据的正确性。

MySQL 5.5 之后的默认引擎为 InnoDB，InnoDB 支持行级锁定，支持事务、外键等功能。

BDB 源自 Berkeley DB，是事务型数据库的另一种选择，支持 Commit 和 Rollback 等其他事务特性。

Memory 为所有数据置于内存的存储引擎，拥有极高的插入、更新和查询效率，但是会占用和数据量成正比的内存空间，并且其内容会在 MySQL 重新启动时丢失。

MySQL 常用的两大引擎有 MyISAM 和 InnoDB。二者有什么明显的区别？什么场合使用什么引擎呢？

MyISAM 类型的数据库表强调的是性能，其执行速度比 InnoDB 类型更快，但不提供事务支持，不支持外键，如果执行大量的 SELECT（查询）操作，MyISAM 是更好的选择，其支持表锁。

InnoDB 提供事务支持事务、外部键、行级锁等高级数据库功能，可执行大量的 INSERT 或 UPDATE。出于性能方面的考虑，可以使用 InnoDB 引擎。

4.2　MySQL 数据库 YUM 方式

通过 YUM 源在线安装 MySQL 数据库的方式如下：

```
#CentOS 6.x YUM 安装
yum install mysql-server mysql-devel mysql-devel -y
#CentOS 7.x YUM 安装
yum install mariadb-server mariadb  mariadb-devel -y
#YUM 安装的默认版本相对较低,在 CentOS 7 中默认安装的 MariaDB 是 5.5 的版本,如果需要
#安装高版本的 MariaDB,可以额外配置 mariadb 的仓库实现
#配置 mariadb 10.x 仓库
echo '
[mariadb]
name=MariaDB
baseurl=https://mirrors.nju.edu.cn/mariadb/yum/10.2/centos7-amd64
gpgkey=https://mirrors.nju.edu.cn/mariadb/yum/RPM-GPG-KEY-MariaDB
```

```
gpgcheck=1
' > /etc/yum.repos.d/mariadb.repo
#YUM 安装 MariaDB
yum install mariadb-server mariadb mariadb-devel -y
```

4.3 MySQL 源码部署 5.5 版本

源码安装 MySQL 5.5.20，通过 cmake、make、make install 三个步骤实现。操作方法和指令
如下：

```
wget http://down1.chinaunix.net/distfiles/mysql-5.5.20.tar.gz
yum -y install gcc-c++ ncurses-devel cmake make perl gcc autoconf automake
zlib libxml2 libxml2-devel libgcrypt libtool bison
tar -xzf mysql-5.5.20.tar.gz
cd mysql-5.5.20
cmake . -DCMAKE_INSTALL_PREFIX=/usr/local/mysql55/ \
-DMYSQL_UNIX_ADDR=/tmp/mysql.sock \
-DMYSQL_DATADIR=/data/mysql/ \
-DSYSCONFDIR=/etc \
-DMYSQL_USER=mysql \
-DMYSQL_TCP_PORT=3306 \
-DWITH_XTRADB_STORAGE_ENGINE=1 \
-DWITH_INNOBASE_STORAGE_ENGINE=1 \
-DWITH_PARTITION_STORAGE_ENGINE=1 \
-DWITH_BLACKHOLE_STORAGE_ENGINE=1 \
-DWITH_MYISAM_STORAGE_ENGINE=1 \
-DWITH_READLINE=1 \
-DENABLED_LOCAL_INFILE=1 \
-DWITH_EXTRA_CHARSETS=1 \
-DDEFAULT_CHARSET=utf8 \
-DDEFAULT_COLLATION=utf8_general_ci \
-DEXTRA_CHARSETS=all \
-DWITH_BIG_TABLES=1 \
-DWITH_DEBUG=0
make
make install
#准备配置文件
cp support-files/my-large.cnf /usr/local/mysql55/my.cnf
cp support-files/mysql.server /etc/init.d/mysqld
```

```
#创建数据目录
mkdir -p /data/mysql
#如果已有MySQL用户，则不必创建
useradd -s /sbin/nologin mysql
chown -R mysql. /data/mysql
#初始化数据库
/usr/local/mysql55/scripts/mysql_install_db  --user=mysql --datadir=
/data/mysql --basedir=/usr/local/mysql55
/etc/init.d/mysqld start
```

4.4　MySQL 源码部署 5.7 版本

源码安装 MySQL 5.7，通过 cmake、make、make install 三个步骤实现。操作方法和指令如下：

```
#下载boost库
wget http://nchc.dl.sourceforge.net/project/boost/boost/1.59.0/boost_1_
59_0.tar.gz
tar -xzvf boost_1_59_0.tar.gz
mv boost_1_59_0 /usr/local/boost
yum -y install gcc-c++ ncurses-devel cmake make perl gcc autoconf automake
zlib libxml2 libxml2-devel libgcrypt libtool bison
#下载MySQL 5.7源码包
wget http://mirrors.163.com/mysql/Downloads/MySQL-5.7/mysql-5.7.25.tar.gz
tar xf mysql-5.7.25.tar.gz
cd mysql-5.7.25
cmake . -DCMAKE_INSTALL_PREFIX=/usr/local/mysql5/ \
-DMYSQL_UNIX_ADDR=/tmp/mysql.sock \
-DMYSQL_DATADIR=/data/mysql/ \
-DSYSCONFDIR=/etc \
-DMYSQL_USER=mysql \
-DMYSQL_TCP_PORT=3306 \
-DWITH_XTRADB_STORAGE_ENGINE=1 \
-DWITH_INNOBASE_STORAGE_ENGINE=1 \
-DWITH_PARTITION_STORAGE_ENGINE=1 \
-DWITH_BLACKHOLE_STORAGE_ENGINE=1 \
-DWITH_MYISAM_STORAGE_ENGINE=1 \
-DWITH_READLINE=1 \
-DENABLED_LOCAL_INFILE=1 \
-DWITH_EXTRA_CHARSETS=1 \
```

```
-DDEFAULT_CHARSET=utf8 \
-DDEFAULT_COLLATION=utf8_general_ci \
-DEXTRA_CHARSETS=all \
-DWITH_BIG_TABLES=1 \
-DWITH_DEBUG=0 \
-DDOWNLOAD_BOOST=1 \
-DWITH_BOOST=/usr/local/boost
make
make install
#准备配置文件
vim /usr/local/mysql5/my.cnf
[mysqld]
basedir=/usr/local/mysql5/
datadir=/data/mysql/
port=3306
pid-file=/data/mysql/mysql.pid
socket=/tmp/mysql.sock
[mysqld_safe]
log-error=/data/mysql/mysql.log

#创建数据目录
mkdir -p /data/mysql
chown mysql. /data/mysql
cp support-files/mysql.server /etc/init.d/mysqld
/usr/local/mysql5/bin/mysqld --initialize --user=mysql --basedir=
/usr/local/mysql5 --datadir=/data/mysql
#启动服务
/etc/init.d/mysql start
#登录后修改密码
> alter user user() identified by "123";
```

MySQL 源码安装参数详解如下：

```
cmake . -DCMAKE_INSTALL_PREFIX=/usr/local/mysql55   #cmake 预编译
-DMYSQL_UNIX_ADDR=/tmp/mysql.sock                   #MySQL Socket 通信文件位置
-DMYSQL_DATADIR=/data/mysql                          #MySQL 数据存放路径
-DSYSCONFDIR=/etc                                    #配置文件路径
-DMYSQL_USER=mysql                                   #MySQL 运行用户
-DMYSQL_TCP_PORT=3306                                #MySQL 监听端口
-DWITH_XTRADB_STORAGE_ENGINE=1                       #开启 XtraDB 引擎支持
-DWITH_INNOBASE_STORAGE_ENGINE=1                     #开启 InnoDB 引擎支持
```

```
-DWITH_PARTITION_STORAGE_ENGINE=1              #开启 partition 引擎支持
-DWITH_BLACKHOLE_STORAGE_ENGINE=1              #开启 blackhole 引擎支持
-DWITH_MYISAM_STORAGE_ENGINE=1                 #开启 MyISAM 引擎支持
-DWITH_READLINE=1                              #启用快捷键功能
-DENABLED_LOCAL_INFILE=1                       #允许从本地导入数据
-DWITH_EXTRA_CHARSETS=1                        #支持额外的字符集
-DDEFAULT_CHARSET=utf8                         #默认字符集 UTF-8
-DDEFAULT_COLLATION=utf8_general_ci            #检验字符
-DEXTRA_CHARSETS=all                           #安装所有扩展字符集
-DWITH_BIG_TABLES=1                            #将临时表存储在磁盘上
-DWITH_DEBUG=0                                 #禁止调试模式支持
make                                           #编译
make install                                   #安装
```

（1）将源码安装的 MySQL 数据库服务设置为系统服务，可以使用 chkconfig 管理，并启动 MySQL 数据库，如图 4-1 所示。

```
cd /usr/local/mysql55/
\cp support-files/my-large.cnf /etc/my.cnf
\cp support-files/mysql.server /etc/init.d/mysqld
chkconfig --add mysqld
chkconfig --level 35 mysqld on
mkdir -p /data/mysql
useradd mysql
/usr/local/mysql55/scripts/mysql_install_db --user=mysql --datadir=
/data/mysql/ --basedir=/usr/local/mysql55/
ln -s /usr/local/mysql55/bin/* /usr/bin/
service mysqld restart
```

```
Please report any problems with the /usr/local/mysql55//scripts/mysqlb

[root@localhost mysql55]# service mysqld restart
 ERROR! MySQL server PID file could not be found!
Starting MySQL... SUCCESS!
[root@localhost mysql55]# clear
[root@localhost mysql55]#
[root@localhost mysql55]# ps -ef |grep mysql
root        2286       1  0 11:47 pts/0    00:00:00 /bin/sh /usr/local/mys
le=/data/mysql/localhost.pid
mysql       2561    2286  4 11:47 pts/0    00:00:00 /usr/local/mysql55/bin
a/mysql --plugin-dir=/usr/local/mysql55/lib/plugin --user=mysql --log-
sql/localhost.pid --socket=/tmp/mysql.sock --port=3306
root        2585    1234  0 11:48 pts/0    00:00:00 grep mysql
[root@localhost mysql55]# █
```

图 4-1 查看 MySQL 启动进程

（2）不设置为系统服务，也可以用源码启动方式：

```
cd /usr/local/mysql55
mkdir -p /data/mysql
useradd mysql
/usr/local/mysql55/scripts/mysql_install_db --user=mysql --datadir=
/data/mysql/ --basedir=/usr/local/mysql55/
ln -s /usr/local/mysql55/bin/* /usr/bin/
/usr/local/mysql55/bin/mysqld_safe --user=mysql &
```

4.5　MySQL 二进制部署 8.0 版本

二进制方式安装 MySQL 8.0，无须 cmake、make、make install 三个步骤。操作方法和指令如下：

```
#下载 MySQL 二进制包
wget -c https://mirrors.nju.edu.cn/mysql/downloads/MySQL-8.0/mysql-
8.0.26-el7-x86_64.tar.gz
tar xf mysql-8.0.26-el7-x86_64.tar.gz
mv mysql-8.0.26-el7-x86_64 /usr/local/mysql

#创建配置文件
vim /usr/local/mysql/my.cnf
[mysqld]
basedir=/usr/local/mysql/
datadir=/data/mysql/
port=3306
pid-file=/data/mysql/mysql.pid
socket=/tmp/mysql.sock
[mysqld_safe]
log-error=/data/mysql/mysql.log

#创建数据目录
mkdir -p /data/mysql
chown mysql. /data/mysql
cp /usr/local/mysql/support-files/mysql.server /etc/init.d/mysqld
/usr/local/mysql/bin/mysqld --initialize --user=mysql --basedir=
/usr/local/mysql --datadir=/data/mysql
```

4.6　MariaDB 二进制部署 10.2 版本

二进制方式安装 MariaDB 10.2，无须 cmake、make、make install 三个步骤。操作方法和指令如下：

```
#下载 MariaDB 二进制包
wget -c https://mirrors.tuna.tsinghua.edu.cn/mariadb/mariadb-10.2.40/
bintar-linux-x86_64/mariadb-10.2.40-linux-x86_64.tar.gz
tar -xzvf mariadb-10.2.40-linux-x86_64.tar.gz
mv mariadb-10.2.40-linux-x86_64 /usr/local/mysql
#进入 MariaDB 数据库部署目录
cd /usr/local/mysql
#复制启动脚本
cp support-files/mysql.server /etc/init.d/mysqld
#复制主配置文件
cp support-files/my-huge.cnf my.cnf
#修改 my.cnf 配置文件,加入以下代码
[mysqld]
datadir=/data/mysql
basedir=/usr/local/mysql
#创建数据目录并且授权访问
mkdir -p /data/mysql
chown mysql. /data/mysql
#初始化数据库服务
/usr/local/mysql/scripts/mysql_install_db --user=mysql --datadir=/data/
mysql --basedir=/usr/local/mysql
#启动数据库服务
/etc/init.d/mysqld start
```

4.7　MySQL 数据库必备命令操作

MySQL 数据库安装完毕之后，对 MySQL 数据库中各种指令的操作变得尤为重要，熟练掌握 MySQL 必备命令是 SA、DBA 必备工作之一，所有操作指令均在 MySQL 命令行中操作，不能在 Linux Shell 解释器上直接运行。

直接在 Shell 终端执行命令 mysql 或/usr/local/mysql55/bin/mysql，按 Enter 键，下面使用默认的 MariaDB 版本做实验，进入 MySQL 命令行界面，如图 4-2 所示。

```
#通过 UNIX 套接字连接
#直接通过执行 mysql 或 mysql -uroot -p 命令登录
#查看连接状态
MariaDB [(none)]> status;
--------------
mysql Ver 15.1 Distrib 5.5.64-MariaDB, for Linux (x86_64) using readline 5.1
#当前连接的 ID 号，每个连接 ID 号都不一样
Connection id:        2
#当前使用的那个数据库，没有选择则为空
Current database:
#当前登录的用户名
Current user:         root@localhost
#是否使用加密
SSL:                  Not in use
Current pager:        stdout
Using outfile:        ''
#结束符为分号
Using delimiter:      ;
Server:               MariaDB
Server version:       5.5.64-MariaDB MariaDB Server
Protocol version:     10
#连接方式，本地套接字
Connection:           Localhost via UNIX socket
Server characterset:  latin1
Db      characterset: latin1
Client characterset:  utf8
Conn. characterset:   utf8
#套接字地址
UNIX socket:          /var/lib/mysql/mysql.sock
Uptime:               7 min 21 sec
#通过 TCP 套接字连接
#通过执行 mysql -h127.0.0.1 命令登录服务器，查看状态
MariaDB [(none)]> status
--------------
mysql Ver 15.1 Distrib 10.2.40-MariaDB, for Linux (x86_64) using readline 5.1

Connection id:        8
Current database:
Current user:         root@localhost
SSL:                  Not in use
```

```
Current pager:        stdout
Using outfile:        ''
Using delimiter:      ;
Server:               MariaDB
Server version:       10.2.40-MariaDB MariaDB Server
Protocol version:     10
Connection:           127.0.0.1 via TCP/IP
Server characterset:  latin1
Db    characterset:   latin1
Client characterset:  utf8
Conn. characterset:   utf8
TCP port:             3306
Uptime:               13 sec
#可以看到连接ID不同,套接字也不同,使用的是TCP/IP的套接字通信
#如果遇到无法通过本地套接字连接,可以使用指定服务器IP连接
```

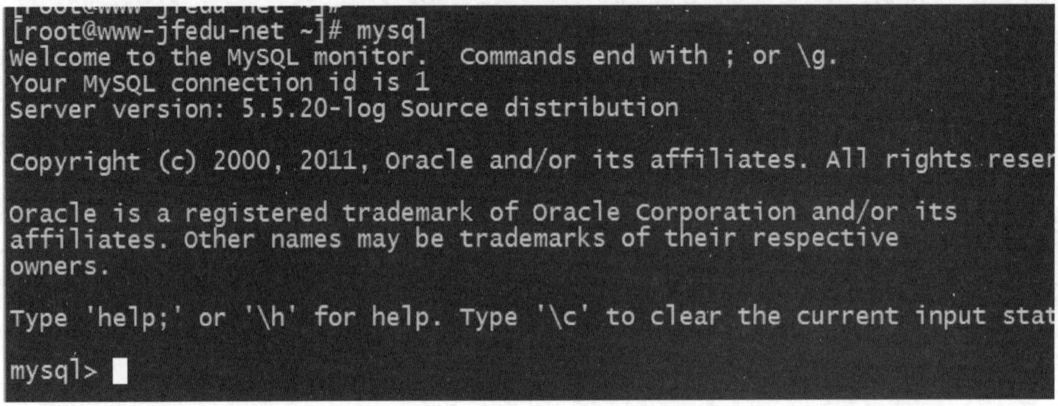

```
[root@www-jfedu-net ~]#
[root@www-jfedu-net ~]# mysql
Welcome to the MySQL monitor.  Commands end with ; or \g.
Your MySQL connection id is 1
Server version: 5.5.20-log Source distribution

Copyright (c) 2000, 2011, Oracle and/or its affiliates. All rights reser

Oracle is a registered trademark of Oracle Corporation and/or its
affiliates. Other names may be trademarks of their respective
owners.

Type 'help;' or '\h' for help. Type '\c' to clear the current input stat

mysql> █
```

图 4-2   MySQL 命令行界面

MySQL 命令行常用命令如下，操作结果如图 4-3 所示。

```
#操作database相关命令
#查询数据库

show  databases:
#初始化后,默认会有三个数据库
#information_schema: 信息数据库,主要保存关于MySQL服务器所维护的所有其他数据库的信
#息,如数据库名、数据库的表、表栏的数据类型与访问权限等。通过"show databases;"命令
#查看到数据库信息,也是出自该数据库中的SCHEMATA表
#mysql: MySQL的核心数据库,主要负责存储数据库的用户、权限设置、关键字等MySQL自己需
#要使用的控制和管理信息
```

```
#performance_schema：用于性能优化的数据库
#查看数据库的创建语句
show create database mysql;                    #mysql 为数据库名
#查看字符集命令
show character  set;
#修改数据库的字符集
alter database mysql default character set utf8;
#创建数据库
create  database zabbix charset=utf8;
#或者
create database if not exists zabbix charset=gbk;
#用上面的这条命令创建数据库，如果数据库已经存在就不会报错了
#删除数据库
drop database zabbix;
#或者
drop database if exists zabbix;
#用上面这种方式删除数据库，如果数据库不存在就不会报错了
###操作 table 的相关命令
MariaDB [(none)]> use mysql
Database changed
#查看所有表
show tables;
#或者
show  tables from mysql;
#查看所有表的详细信息
use mysql;
show table status\G
#或者
show table status from mysql\G
#查看某张表的详细信息
use mysql;
show table status like "user"\G
#或者
show table status from mysql like "user"\G
#查看表结构
desc  mysql.user;
#查看创建表的 SQL 语句
show create table mysql.user\G
MariaDB [(none)]> use test
```

```
Database changed
#创建表,tinyint 带符号
MariaDB [test]> create table t1 (
    -> id int auto_increment primary key,
    -> name varchar(20),
    -> age tinyint
-> );
#创建表,tinyint 不带符号
MariaDB [test]> create table t2 (
    -> id int auto_increment primary key,
    -> name varchar(20),
    -> age tinyint  unsigned
    -> );
```

#修改表字段名,需要将字段属性写全

```
alter table t2 change id age int(5);
```

#id 为原字段
#age 为新字段
#添加表字段

```
alter  table t2 add job varchar(20);
```

#新添加的字段默认是加在最后面,如果想加在第一列或者某个字段后,可以进行指定
#加在第一列

```
alter  table t2 add job2 varchar(20) first;
```

#加在 name 字段后

```
alter  table t2 add job3 varchar(20) after name;
```

#修改字段的顺序,把 job3 放在第一列

```
alter table t2 modify job3 varchar(20) first;
```

#删除表字段

```
alter table t2 drop birth1;
```

#先创建表,然后插入数据

```
create table t1(id  int  auto_increment primary key, name varchar(20), job
varchar(10));
```

#或者

```
create table t2(id  int auto_increment primary key, name varchar(20), job
varchar(10) default "linux");
```

###插入数据
#全字段增加数据

```
insert into t2 values(1,"xiaoming","it");
```

#或者

```
insert t2 set
```

```
name="xiaoming",
job="teacher";
#指定字段增加数据
insert into t2(name) value("xiaoqiang"),("xiaowang");
###删除数据
#物理删除,数据就真没有了
delete from t2 where id=2;
#逻辑删除,需要添加一个字段,默认设置为 0
alter table t2 add isdelete bit default 0;
#将 isdelete 字段设置为 1
update t2 set isdelete=1 where id=3;
#然后查找 isdelete 字段为 0 的数据即可过滤了
select * from t2 where isdelete=0;
###修改数据
#修改表中的数据,不增加行,insert into 会增加行
update t2 set name="xiaoxiao" where id=6;
#t2 是表名
#name 是字段名
#where 后面是条件语句,如果没有,就要对整个表进行修改了,要慎重
#修改多个字段用逗号分隔
update t2 set name="xiaoqiang",job="engineer" where id=3;
###查询数据
#全字段查找,不建议
select * from t2;
#查找指定字段
select name,job from t2;
#利用运算符查询
#>    大于
#>=   大于或等于
#=    等于
#<    小于
#<=   小于或等于
#!=   不等于
#查找 ID 大于或等于 4 的用户 ID、用户名及工作
select id,name,job from t2 where id >= 4;
#and      多个条件同时满足
#or       几个条件,满足其一即可
#查找 ID 大于或等于 3,且没有标记删除的数据
select id,name,job,isdelete  from t2 where id >= 3 and isdelete=0;
```

```
#模糊查找
#like          模糊查找
#%        匹配任意多个字符
#_        匹配单个字符
#查找名字中含有 xiao 字符的数据
select id,name,job from t2 where name like "xiao%";
#查找名字中含有 xiao 并且后面跟一个单字符的数据
select id,name,job from t2 where name like "xiao_";
```

```
[root@www-jfedu-net ~]# mysql
Welcome to the MySQL monitor.  Commands end with ; or \g.
Your MySQL connection id is 5
Server version: 5.5.20-log Source distribution

Copyright (c) 2000, 2011, Oracle and/or its affiliates. All rights reserved.

Oracle is a registered trademark of Oracle Corporation and/or its
affiliates. Other names may be trademarks of their respective
owners.

Type 'help;' or '\h' for help. Type '\c' to clear the current input statement.

mysql> show databases;
+--------------------+
| Database           |
+--------------------+
| information_schema |
| mysql              |
| performance_schema |
| test               |
+--------------------+
4 rows in set (0.00 sec)

mysql> create database jfedu;
Query OK, 1 row affected (0.00 sec)
```

```
mysql> use jfedu;
Database changed
mysql> show tables;
Empty set (0.00 sec)

mysql> create table t1 (id varchar(20),name varchar(20));
Query OK, 0 rows affected (0.01 sec)

mysql> insert into t1 values ("1","jfedu");
Query OK, 1 row affected (0.00 sec)

mysql> select * from t1;
+------+-------+
| id   | name  |
+------+-------+
| 1    | jfedu |
+------+-------+
1 row in set (0.00 sec)
```

图 4-3　MySQL 命令操作结果

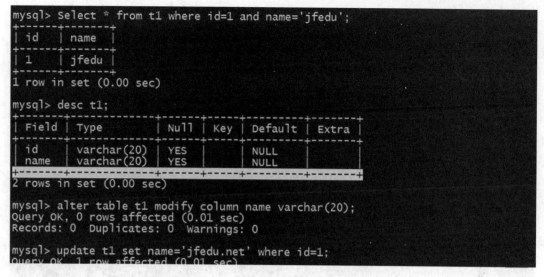

```
mysql> Select * from t1 where id=1 and name='jfedu';
+------+-------+
| id   | name  |
+------+-------+
| 1    | jfedu |
+------+-------+
1 row in set (0.00 sec)

mysql> desc t1;
+-------+-------------+------+-----+---------+-------+
| Field | Type        | Null | Key | Default | Extra |
+-------+-------------+------+-----+---------+-------+
| id    | varchar(20) | YES  |     | NULL    |       |
| name  | varchar(20) | YES  |     | NULL    |       |
+-------+-------------+------+-----+---------+-------+
2 rows in set (0.00 sec)

mysql> alter table t1 modify column name varchar(20);
Query OK, 0 rows affected (0.01 sec)
Records: 0  Duplicates: 0  Warnings: 0

mysql> update t1 set name='jfedu.net' where id=1;
Query OK, 1 row affected (0.01 sec)
```

图 4-3　（续）

4.8　MySQL 数据库字符集设置

计算机中存储的信息都是用二进制数方式表示的，用户看到屏幕显示的英文、汉字等字符是二进制数转换之后的结果。通俗地说，将汉字按照某种字符集编码存储在计算机中，称为"编码"；将存储在计算机中的二进制数解析显示出来，称为"解码"，在解码过程中，如果使用了错误的解码规则，会导致显示乱码。

MySQL 数据库在存储数据时，默认编码为 latin1。存储中文字符时，在显示或者 Web 调用时会显示为乱码，为解决该乱码问题，需修改 MySQL 默认字符集为 UTF-8，有两种方法。

（1）编辑 vim /etc/my.cnf 配置文件，在相应段中加入相应的参数字符集。修改完毕，重启 MySQL 服务即可。

```
[client]字段里加入    default-character-set=utf8;
[mysqld]字段里加入    character-set-server=utf8;
[mysql]字段里加入     default-character-set=utf8
```

（2）MySQL 命令行中运行如下指令，如图 4-4 所示。

```
show variables like '%char%';
SET character_set_client=utf8;
SET character_set_results=utf8;
SET character_set_connection=utf8;
```

```
mysql>
mysql> SET character_set_client = utf8;
Query OK, 0 rows affected (0.00 sec)

mysql> SET character_set_results = utf8;
Query OK, 0 rows affected (0.00 sec)

mysql> SET character_set_connection = utf8;
Query OK, 0 rows affected (0.00 sec)

mysql> show variables like '%char%';
+--------------------------+---------------------------------+
| Variable_name            | Value                           |
+--------------------------+---------------------------------+
| character_set_client     | utf8                            |
| character_set_connection | utf8                            |
| character_set_database   | utf8                            |
| character_set_filesystem | binary                          |
| character_set_results    | utf8                            |
| character_set_server     | utf8                            |
| character_set_system     | utf8                            |
| character_sets_dir       | /usr/local/mysql55/share/charsets/ |
+--------------------------+---------------------------------+
8 rows in set (0.01 sec)
```

图 4-4　设置 MySQL 数据库字符集

4.9　MySQL 数据库密码管理

MySQL 数据库在使用过程中为了加强安全防范，需要设置密码访问。设置密码授权、密码修改及密码破解的方法如下。

（1）MySQL 创建用户及授权。

```
grant all on jfedu.*  to test@localhost  identified by 'pas';
#授权 localhost 主机通过 test 用户和 pas 密码访问本地的 jfedu 库的所有权限
grant select,insert,update,delete on *.* to test@"%" identified by 'pas';
#授权所有主机通过 test 用户和 pas 密码访问本地的 jfedu 库的查询、插入、更新、删除权限
grant all on jfedu.*  to test@'192.168.111.118'  identified by 'pas';
#授权 192.168.111.118 主机通过 test 用户和 pas 密码访问本地的 jfedu 库的所有权限
```

（2）MySQL 密码破解方法。

在使用 MySQL 数据库的过程中，偶尔会出现忘记密码，或者被其他人员修改数据库权限的情况。如果需要紧急修改密码，如何破解 MySQL 密码呢？首先停止 MySQL 数据库服务，以跳过权限方式启动，命令如下：

```
/etc/init.d/mysqld  stop
/usr/bin/mysqld_safe --user=mysql --skip-grant-tables &
```

MySQL 以跳过权限方式启动后，在 Shell 终端执行 mysql 命令并按 Enter 键，进入 mysql 命令行，如图 4-5 所示。

```
[root@localhost ~]#
[root@localhost ~]# /usr/bin/mysqld_safe --user=mysql --skip-grant-tables &
[2] 2103
[root@localhost ~]# 141126 08:40:58 mysqld_safe Logging to '/var/log/mysqld.log'.
141126 08:40:58 mysqld_safe Starting mysqld daemon with databases from /var/lib/mysql

[root@localhost ~]#
[root@localhost ~]#
[root@localhost ~]# mysql
Welcome to the MySQL monitor.  Commands end with ; or \g.
Your MySQL connection id is 1
Server version: 5.1.73 Source distribution

Copyright (c) 2000, 2013, Oracle and/or its affiliates. All rights reserved.

Oracle is a registered trademark of Oracle Corporation and/or its
affiliates. Other names may be trademarks of their respective
owners.

Type 'help;' or '\h' for help. Type '\c' to clear the current input statement.

mysql>
```

图 4-5　跳过权限启动并登录 MySQL

由于 MySQL 用户及密码认证信息存放在 MySQL 库中的 user 表中，需进入 MySQL 库，更新相应的密码字段即可，例如将 MySQL 中 root 用户的密码均改为 123456，如图 4-6 所示。

```
use mysql
update user set password=password('123456') where user='root';
```

```
mysql> use mysql
Database changed
mysql> update user set password=password('123456') where user='root';
Query OK, 4 rows affected (0.00 sec)
Rows matched: 4  Changed: 4  Warnings: 0

mysql> flush privileges;
Query OK, 0 rows affected (0.00 sec)

mysql>
```

图 4-6　MySQL 密码破解方法

MySQL root 密码修改后，需停止以 MySQL 跳过权限表的启动进程，以正常方式启动 MySQL，再次以新的密码登录即可进入 MySQL 数据库，如图 4-7 所示。

```
[root@localhost ~]#
[root@localhost ~]# /etc/init.d/mysqld start
Starting MySQL.. SUCCESS!
[root@localhost ~]#
[root@localhost ~]# mysql -uroot -p123456
Welcome to the MySQL monitor.  Commands end with ; or \g.
Your MySQL connection id is 1
Server version: 5.5.20 Source distribution

Copyright (c) 2000, 2013, Oracle and/or its affiliates. All rights reserved.

Oracle is a registered trademark of Oracle Corporation and/or its
affiliates. Other names may be trademarks of their respective
owners.

Type 'help;' or '\h' for help. Type '\c' to clear the current input statement.

mysql>
```

图 4-7　MySQL 正常方式启动

4.10　MySQL 数据库配置文件详解

理解 MySQL 配置文件，可以更快地学习和掌握 MySQL 数据库服务器，以下为 MySQL 配置文件常用参数详解。

```
[mysqld]                              #服务器端配置
datadir=/data/mysql                   #数据目录
socket=/var/lib/mysql/mysql.sock              #socket 通信设置
user=mysql                            #使用 MySQL 用户启动
symbolic-links=0                      #是否支持快捷方式
log-bin=mysql-bin                     #开启 bin-log 日志
server-id = 1                         #MySQL 服务的 ID
auto_increment_offset=1               #自增长字段从固定数开始
auto_increment_increment=2            #自增长字段每次递增的量
socket = /tmp/mysql.sock              #为 MySQL 客户程序与服务器之间的本地通信套接字文件
port        = 3306                    #指定 MySQL 监听的端口
key_buffer       = 384M               #key_buffer 是用于索引块的缓冲区大小
table_cache      = 512                #为所有线程打开表的数量
sort_buffer_size = 2M                 #每个需要进行排序的线程分配该大小的一个缓冲区
read_buffer_size = 2M                 #读查询操作所能使用的缓冲区大小
query_cache_size = 32M                #指定 MySQL 查询结果缓冲区的大小
read_rnd_buffer_size     = 8M         #改参数在使用行指针排序之后，随机读
myisam_sort_buffer_size = 64M         #MyISAM 表发生变化时重新排序所需的缓冲区大小
thread_concurrency       = 8          #最大并发线程数，取值为服务器逻辑 CPU 数量×2
thread_cache             = 8          #缓存可重用的线程数
skip-locking                          #避免 MySQL 的外部锁定，减少出错概率，增强稳定性
default-storage-engine=INNODB         #设置 MySQL 默认引擎为 InnoDB
```

```
#mysqld_safe config
[mysqld_safe]                              #MySQL 服务安全启动配置
log-error=/var/log/mysqld.log              #MySQL 错误日志路径
pid-file=/var/run/mysqld/mysqld.pid        #MySQL PID 进程文件
key_buffer_size = 2048MB                   #MyISAM 表索引缓冲区的大小
max_connections = 3000                     #MySQL 最大连接数
innodb_buffer_pool_size = 2048MB           #InnoDB 内存缓冲数据和索引大小
basedir      = /usr/local/mysql55/         #数据库安装路径
[mysqldump]                                #数据库导出段配置
max_allowed_packet      =16M               #服务器和客户端发送的最大数据包大小
```

4.11　MySQL 数据库索引案例

MySQL 索引可以用来快速寻找某些具有特定值的记录，所有 MySQL 索引都以 B-树的形式保存。如果 MySQL 没有索引，则执行 select 命令时 MySQL 必须从第一个记录开始扫描整个表的所有记录，直至找到符合要求的记录。如果表中有上亿条数据，查询一条数据花费的时间会非常长。索引的作用就类似电子书的目录及页码的对应关系。

如果在需搜索条件的列上创建了索引，MySQL 无须扫描全表记录即可快速查到相应的记录行。如果该表有 1 000 000 条记录，通过索引查找记录至少要比全表顺序扫描快 100 倍，这就是索引在企业环境中带来的执行速度的提升。

MySQL 数据库常见索引类型包括普通索引（normal）、唯一索引（unique）、全文索引（full text）、主键索引（primary key）、组合索引等，以下为每个索引的应用场景及区别。

普通索引：normal，使用最广泛。

唯一索引：unique，不允许重复的索引，允许有空值。

全文索引：full text，只能用于 MyISAM 表，主要用于大量的内容检索。

主键索引：primary key，又称为特殊的唯一索引，不允许有空值。

组合索引：为提高 MySQL 效率，可建立组合索引。

MySQL 数据库表创建各个索引命令，以 t1 表为案例，操作如下：

```
ALTER TABLE t1 ADD PRIMARY KEY('column');                  #主键索引
ALTER TABLE t1 ADD UNIQUE('column');                       #唯一索引
ALTER TABLE t1 ADD INDEX index_name('column');             #普通索引
ALTER TABLE t1 ADD FULLTEXT('column');                     #全文索引
ALTER TABLE t1 ADD INDEX index_name('column1', 'column2', 'column3');
                                                           #组合索引
```

图 4-8 所示为 t1 表的 ID 字段创建主键索引，查看索引是否被创建，然后插入相同的 ID，提示报错。

```
mysql> ALTER TABLE t1 ADD PRIMARY KEY ( `id` )
    -> ;
Query OK, 3 rows affected (0.02 sec)
Records: 3  Duplicates: 0  Warnings: 0

mysql>
mysql>
mysql> show index from t1;
+-------+------------+----------+--------------+-------------+-----------+--
--+----------+------+------------+---------+---------------+
| Table | Non_unique | Key_name | Seq_in_index | Column_name | Collation | Ca
| Packed | Null | Index_type | Comment | Index_comment |
+-------+------------+----------+--------------+-------------+-----------+--
--+----------+------+------------+---------+---------------+
| t1    |          0 | PRIMARY  |            1 | id          | A         |
| NULL  |      | BTREE      |         |               |
+-------+------------+----------+--------------+-------------+-----------+--
--+----------+------+------------+---------+---------------+
1 row in set (0.00 sec)

mysql>
mysql> insert into t1 values ("3","jfedu");
ERROR 1062 (23000): Duplicate entry '3' for key 'PRIMARY'
```

图 4-8 MySQL 主键索引案例演示

MySQL 数据库表删除各个索引命令，以 t1 表为案例，操作如下：

```
DROP  INDEX  index_name  ON  t1;
ALTER TABLE t1 DROP INDEX  index_name;
ALTER TABLE t1 DROP PRIMARY KEY;
```

MySQL 数据库查看表索引：

```
show index from t1;
show keys from t1;
```

MySQL 数据库索引的缺点如下。

（1）MySQL 数据库索引虽然能够提高数据库查询速度，但同时会降低更新、删除、插入表的速度，例如对表进行 insert（插入）、update（更新）、delete（删除）等操作时，更新表 MySQL 不仅要保存数据，还需保存更新索引。

（2）建立索引会占用磁盘空间，在大表上创建了多种组合索引，索引文件会占用大量的空间。

4.12　MySQL 数据库慢查询

MySQL 数据库慢查询主要用于跟踪异常的 SQL 语句，可以分析出当前程序里哪些 SQL 语句比较耗费资源，慢查询日志则用来记录在 MySQL 中响应时间超过阈值的语句，运行时间超过 long_query_time 值的 SQL 语句会被记录到慢查询日志中。

MySQL 数据库默认不开启慢查询日志功能，需手动在配置文件或者 MySQL 命令行中开启。慢查询日志默认写入磁盘中的文件，也可以将慢查询日志写入数据库表。

查看数据库是否开启慢查询，如图 4-9 所示，命令如下：

```
show variables like  "%slow%";
show variables like  "%long_query%";
```

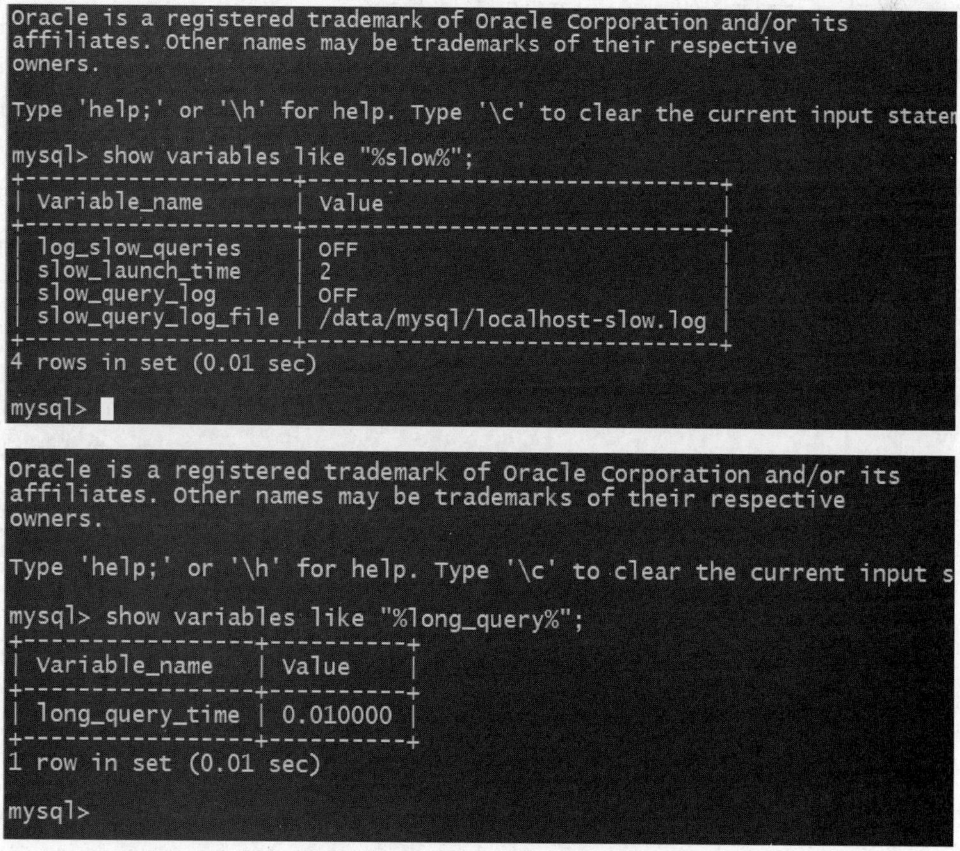

图 4-9　MySQL 数据库慢查询功能

MySQL 慢查询参数详解如下：

```
log_slow_queries          #关闭慢查询日志功能
long_query_time           #慢查询超时时间,默认为10s,MySQL 5.5以上版本可以精确到µs
slow_query_log            #关闭慢查询日志
slow_query_log_file       #慢查询日志文件
slow_launch_time          #thread create时间,单位为s,如果thread create的时间超过
                          #了这个值,该变量slow_launch_time的值会加1
log-queries-not-using-indexes                    #记录未添加索引的SQL语句
```

开启 MySQL 慢查询日志的方法有以下两种。

（1）MySQL 数据库命令行执行以下命令：

```
set  global slow_query_log=on;
show  variables  like  "%slow%";
```

（2）编辑 my.cnf 配置文件中添加以下代码：

```
log-slow-queries=/data/mysql/localhost.log
long_query_time=0.01
log-queries-not-using-indexes
```

慢查询功能开启之后，数据库会自动将执行时间超过设定时间的 SQL 语句添加至慢查询日志文件中，可以通过慢查询日志文件定位执行慢的 SQL，从而对其优化。可以通过 mysqldumpslow 命令行工具分析日志，相关参数如下：

```
#执行命令mysqldumpslow -h可以查看命令帮助信息
#主要参数包括-s和-t
#-s 为排序参数,可选的有以下几个
#l: 查询锁的总时间
#r: 返回记录数
#t: 查询总时间排序
#al: 平均锁定时间
#ar: 平均返回记录数
#at: 平均查询时间
#c: 计数
#-t n: 显示头n条记录
```

MySQL 慢查询 mysqldumpslow 按照返回的行数从大到小查看前 2 行，如图 4-10 所示，命令如下：

```
mysqldumpslow -s r -t 2 localhost.log
```

[root@localhost mysql]#
[root@localhost mysql]# mysqldumpslow -s r -t 2 localhost.log
Reading mysql slow query log from localhost.log
Count: 4 Time=0.30s (1s) Lock=0.00s (0s) Rows=1.2 (5), root[root]@loc
select * from t1 where id=N
Count: 1 Time=0.23s (0s) Lock=0.00s (0s) Rows=1.0 (1), root[root]@loc
select count(*) from t1
[root@localhost mysql]#

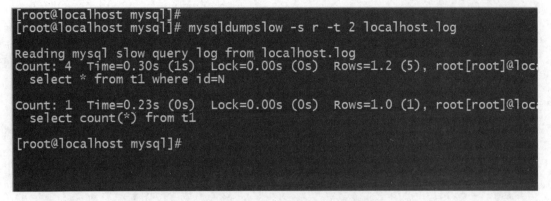

图 4-10　mysqldumpslow 以返回记录排序

MySQL 慢查询 mysqldumpslow 按照查询总时间从大到小查看前 5 行，同时过滤 select 的 SQL 语句，如图 4-11 所示，命令如下：

```
mysqldumpslow -s t -t 5 -g "select" localhost.log
```

[root@localhost mysql]#
[root@localhost mysql]# mysqldumpslow -s t -t 5 -g "select" localhost.log
Reading mysql slow query log from localhost.log
Count: 4 Time=0.30s (1s) Lock=0.00s (0s) Rows=1.2 (5), root[root]@localhost
select * from t1 where id=N
Count: 1 Time=0.23s (0s) Lock=0.00s (0s) Rows=1.0 (1), root[root]@localhost
select count(*) from t1
Died at /usr/bin/mysqldumpslow line 162, <> chunk 11.
[root@localhost mysql]#

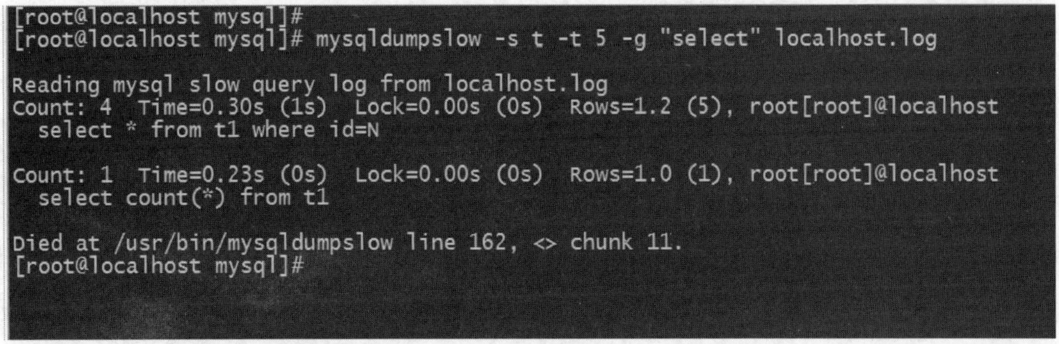

图 4-11　mysqldumpslow 以查询总时间排序

4.13　MySQL 数据库优化

MySQL 数据库优化是一项非常重要的工作，也是一项长期的工作，MySQL 优化 30%靠配置文件及硬件资源的优化，70%靠 SQL 语句的优化。

MySQL 数据库具体优化包括配置文件的优化、SQL 语句的优化、表结构的优化、索引的优化，而配置的优化包括系统内核优化及硬件资源、内存、CPU、MySQL 本身配置文件的优化。

硬件优化：增加内存和提高磁盘读写速度，都可以提高 MySQL 数据库的查询和更新的速度。另一种提高 MySQL 性能的方式是使用多块磁盘存储数据，从多块磁盘上并行读取数据，以提高读取数据的速度。

MySQL 参数的优化：内存中会为 MySQL 保留部分缓冲区，这些缓冲区可以提高 MySQL 的运行速度。缓冲区的大小可以在 MySQL 的配置文件中进行设置。

下面是企业级 MySQL 百万量级真实环境配置文件 my.cnf 内容，可以根据实际情况修改。

```
[client]
port = 3306
socket = /tmp/mysql.sock
[mysqld]
user = mysql
server_id = 10
port = 3306
socket = /tmp/mysql.sock
datadir = /data/mysql/
old_passwords = 1
lower_case_table_names = 1
character-set-server = utf8
default-storage-engine = MyISAM
log-bin = bin.log
log-error = error.log
pid-file = mysql.pid
long_query_time = 2
slow_query_log
slow_query_log_file = slow.log
binlog_cache_size = 4M
binlog_format = mixed
max_binlog_cache_size = 16M
max_binlog_size = 1G
expire_logs_days = 30
ft_min_word_len = 4
back_log = 512
max_allowed_packet = 64M
max_connections = 4096
max_connect_errors = 100
join_buffer_size = 2M
read_buffer_size = 2M
read_rnd_buffer_size = 2M
sort_buffer_size = 2M
query_cache_size = 64M
table_open_cache = 10000
```

```
thread_cache_size = 256
max_heap_table_size = 64M
tmp_table_size = 64M
thread_stack = 192K
thread_concurrency = 24
local-infile = 0
skip-show-database
skip-name-resolve
skip-external-locking
connect_timeout = 600
interactive_timeout = 600
wait_timeout = 600
#*** MyISAM
key_buffer_size = 512M
bulk_insert_buffer_size = 64M
myisam_sort_buffer_size = 64M
myisam_max_sort_file_size = 1G
myisam_repair_threads = 1
concurrent_insert = 2
myisam_recover
#*** InnoDB
innodb_buffer_pool_size = 64G
innodb_additional_mem_pool_size = 32M
innodb_data_file_path = ibdata1:1G;ibdata2:1G:autoextend
innodb_read_io_threads = 8
innodb_write_io_threads = 8
innodb_file_per_table = 1
innodb_flush_log_at_trx_commit = 2
innodb_lock_wait_timeout = 120
innodb_log_buffer_size = 8M
innodb_log_file_size = 256M
innodb_log_files_in_group = 3
innodb_max_dirty_pages_pct = 90
innodb_thread_concurrency = 16
innodb_open_files = 10000
#innodb_force_recovery = 4
#*** Replication Slave
read-only
#skip-slave-start
relay-log = relay.log
log-slave-updates
```

4.14 MySQL 数据库集群实战

随着访问量的不断增加，单台 MySQL 数据库服务器压力也不断增加，需要对 MySQL 进行优化和架构改造。如果 MyQSL 优化仍不能明显改善压力情况，可以使用高可用、主从复制、读写分离、拆分库、拆分表进行优化。

MySQL 主从复制集群在中小企业、大型企业中被广泛使用，目的是实现数据库冗余备份，将主数据库（Master）数据定时同步至从数据库（Slave）中，一旦 Master 宕机，可以将 Web 应用数据库配置快速切换至 Slave，确保 Web 应用较高的可用率。图 4-12 为 MySQL 主从原理架构图。

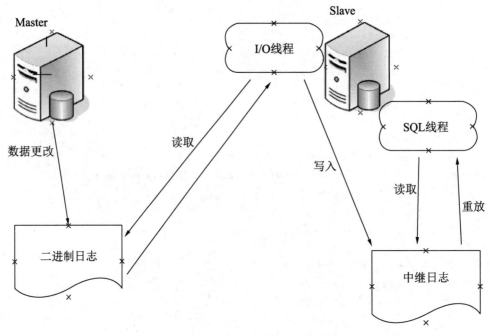

图 4-12　MySQL 主从原理架构图

MySQL 主从复制集群至少需要 2 台数据库服务器，其中一台存储 Master，另一台存储 Slave。MySQL 主从数据同步是一个异步复制的过程，要实现复制首先需要在 Master 服务器上开启 bin-log 日志功能，用于记录在 Master 中执行的增、删、修改、更新操作的 SQL 语句。整个过程需要开启三个线程，分别是 Master 服务器开启 I/O 线程，Slave 服务器开启 I/O 线程和 SQL 线程。具体主从同步原理详解如下。

（1）在 Slave 服务器上执行 slave start 命令，Slave I/O 线程会通过在 Master 服务器创建的授权用户连接至 Master 服务器，并请求 Master 服务器从指定的文件和位置之后发送 bin-log 日志内容。

（2）Master 服务器接收到来自 Slave I/O 线程的请求后，Master I/O 线程根据 Slave 服务器发送的请求信息，读取指定 bin-log 日志 position 点之后的内容，然后返回给 Slave 服务器的 I/O 线程。

（3）返回的信息中除了 bin-log 日志内容外，还有 Master 最新的 bin-log 文件名以及在 bin-log 中的下一个指定更新 position 点。

（4）Slave I/O 线程接收到信息后，将接收到的日志内容依次添加到 Slave 服务器端的 relay-log 文件的最末端，并将读取到的 Master 服务器端的 bin-log 的文件名和 position 点记录到 master.info 文件中，以便在下一次读取的时候能告知 Master 服务器从响应的 bin-log 文件名及最后一个 position 点开始发起请求。

（5）Slave 服务器 SQL 线程检测到 relay-log 中内容有更新，会立刻解析 relay-log 的内容，生成在 Master 服务器真实执行时候的那些可执行的 SQL 语句，并将解析的 SQL 语句在 Slave 服务器里执行，执行成功后，Master 数据库与 Slave 数据库保持数据一致。

4.15　MySQL 主从复制实战

MySQL 主从复制环境构建至少需 2 台服务器，可以配置 1 主多从，多主多从。如下为 1 主 1 从，MySQL 主从复制架构实战步骤如下。

（1）系统环境准备。

Master：192.168.111.128。

Slave：192.168.111.129。

（2）Master 安装及配置。

Master 服务器端使用源码安装 MySQL-5-5 版本软件后，在/etc/my.cnf 配置文件[mysqld]段中加入如下代码，然后重启 MySQL 服务即可。如果在安装时执行 cp my-large.cnf　/etc/my.cnf 命令，则无须添加如下代码。

```
server-id = 1
log-bin = mysql-bin
```

Master 服务器端/etc/my.cnf 完整配置代码如下：

```
[client]
port         = 3306
socket  = /tmp/mysql.sock
[mysqld]
port         = 3306
socket  = /tmp/mysql.sock
skip-external-locking
key_buffer_size = 256M
max_allowed_packet = 1M
table_open_cache = 256
sort_buffer_size = 1M
read_buffer_size = 1M
read_rnd_buffer_size = 4M
myisam_sort_buffer_size = 64M
thread_cache_size = 8
query_cache_size= 16M
thread_concurrency = 8
log-bin=mysql-bin
binlog_format=mixed
server-id    = 1
[mysqldump]
quick
max_allowed_packet = 16M
[mysql]
no-auto-rehash
[myisamchk]
key_buffer_size = 128M
sort_buffer_size = 128M
read_buffer = 2M
write_buffer = 2M
[mysqlhotcopy]
interactive-timeout
```

Master 服务器命令行中创建 tongbu 用户及密码并设置权限，执行如下命令，查看 bin-log 文件及 position 点，如图 4-13 所示。

```
grant  replication  slave  on  *.*  to  'tongbu'@'%'  identified by
'123456';
show  master  status;
```

```
Oracle is a registered trademark of Oracle Corporation and/or its
affiliates. Other names may be trademarks of their respective
owners.

Type 'help;' or '\h' for help. Type '\c' to clear the current input statement.

mysql> grant replication slave on *.* to 'tongbu'@'%' identified by '123456';
Query OK, 0 rows affected (0.01 sec)

mysql> show master status;
+-------------------+----------+--------------+------------------+
| File              | Position | Binlog_Do_DB | Binlog_Ignore_DB |
+-------------------+----------+--------------+------------------+
| mysql-bin.000028  |      257 |              |                  |
+-------------------+----------+--------------+------------------+
1 row in set (0.00 sec)
```

图 4-13　MySQL Master 授权用户

（3）Slave 安装及配置。

Slave 服务器端使用源码安装 MySQL–5–5 版本软件后，在/etc/my.cnf 配置文件[mysqld]段中加入如下代码，然后重启 MySQL 服务即可。如果在安装时执行 cp my–large.cnf　/etc/my.cnf 命令，则修改 server–id，Master 与 Slave 服务器端 server–id 不能一样，Slave 服务器端也无须开启 bin–log 功能。

```
server-id = 2
```

Slave 服务器端/etc/my.cnf 完整配置代码如下：

```
[client]
port      = 3306
socket  = /tmp/mysql.sock
[mysqld]
port       = 3306
socket  = /tmp/mysql.sock
skip-external-locking
key_buffer_size = 256M
max_allowed_packet = 1M
table_open_cache = 256
sort_buffer_size = 1M
read_buffer_size = 1M
read_rnd_buffer_size = 4M
myisam_sort_buffer_size = 64M
thread_cache_size = 8
query_cache_size = 16M
thread_concurrency = 8
server-id  = 2
```

```
[mysqldump]
quick
max_allowed_packet = 16M
[mysql]
no-auto-rehash
[myisamchk]
key_buffer_size = 128M
sort_buffer_size = 128M
read_buffer = 2M
write_buffer = 2M
[mysqlhotcopy]
interactive-timeout
```

Slave 从库上指定 Master IP、用户名、密码、bin-log 文件名（mysql-bin.000028）及 position（257），代码如下：

```
change master to
master_host='192.168.1.115',master_user='tongbu',master_password='123456',
master_log_file='mysql-bin.000001',master_log_pos=297;
```

在 Slave 从库上启动 slave start 指令，并执行 show slave status\G 命令查看 MySQL 主从状态：

```
slave  start;
show  slave  status\G
```

查看 Slave 服务器端 I/O 线程、SQL 线程状态均为 YES，代表 Slave 已正常连接 Master 服务器实现同步：

```
Slave_IO_Running: Yes
Slave_SQL_Running: Yes
```

执行 Show slave status\G 命令，常见参数含义解析如下：

```
Slave_IO_State          #I/O 线程连接 Master 服务器状态
Master_User             #用于连接 Master 服务器的用户
Master_Port             #Master 服务器端监听端口
Connect_Retry           #主从连接失败，重试时间间隔
Master_Log_File         #I/O 线程读取的 Master 服务器二进制日志文件的名称
Read_Master_Log_Pos     #I/O 线程已读取的 Master 服务器二进制日志文件的位置
Relay_Log_File          #SQL 线程读取和执行的中继日志文件的名称
Relay_Log_Pos           #SQL 线程已读取和执行的中继日志文件的位置
Relay_Master_Log_File   #SQL 线程执行的 Master 服务器二进制日志文件的名称
Slave_IO_Running        #I/O 线程是否被启动并成功连接到主服务器上
Slave_SQL_Running       #SQL 线程是否被启动
```

```
Replicate_Do_DB                    #指定的同步的数据库列表
Skip_Counter                       #SQL_SLAVE_SKIP_COUNTER 设置的值
Seconds_Behind_Master              #Slave 服务器端 SQL 线程和 I/O 线程之间的时间差距，
                                   #单位为 s，常被用于主从延迟检查方法之一
```

在 Master 服务器端创建 mysql_db_test 数据库和 t0 表，如图 4-14 所示，命令如下：

```
create database mysql_ab_test charset=utf8;
show databases;
use mysql_ab_test;
create table t0 (id varchar(20),name varchar(20));
show tables;
```

```
Type 'help;' or '\h' for help. Type '\c' to clear the current input statement.

mysql> create database mysql_ab_test charset=utf8;
Query OK, 1 row affected (0.00 sec)

mysql> show databases;
+--------------------+
| Database           |
+--------------------+
| information_schema |
| mysql              |
| mysql_ab_test      |
| test               |
+--------------------+
4 rows in set (0.00 sec)

mysql> use mysql_ab_test;
Database changed
mysql>
mysql> create table t0 (id varchar(20),name varchar(30));
Query OK, 0 rows affected (0.00 sec)

mysql> show tables;
+-------------------------+
| Tables_in_mysql_ab_test |
+-------------------------+
| t0                      |
+-------------------------+
1 row in set (0.00 sec)
```

图 4-14　MySQL Master 服务器创建数据库和表

查看 Slave 服务器是否有 mysql_ab_test 数据库和 t0 的表，如果有则代表 Slave 服务器从 Master 服务器复制数据成功，证明 MySQL 主从配置至此已经配置成功，如图 4-15 所示。

在 Master 服务器的 t0 表插入两条数据，在 Slave 服务器查看是否已同步，Master 服务器上执行如下命令，如图 4-16 所示。

```
insert into t0 values ("001","wugk1");
```

```
insert into t0 values ("002","wugk2");
select * from t0;
```

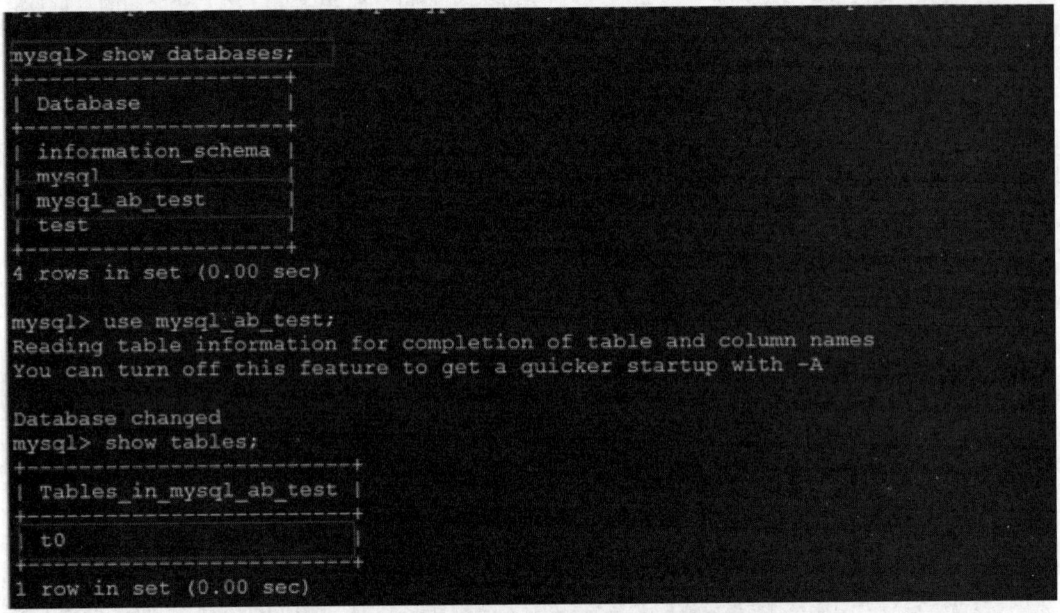

```
mysql> show databases;
+--------------------+
| Database           |
+--------------------+
| information_schema |
| mysql              |
| mysql_ab_test      |
| test               |
+--------------------+
4 rows in set (0.00 sec)

mysql> use mysql_ab_test;
Reading table information for completion of table and column names
You can turn off this feature to get a quicker startup with -A

Database changed
mysql> show tables;
+-------------------------+
| Tables_in_mysql_ab_test |
+-------------------------+
| t0                      |
+-------------------------+
1 row in set (0.00 sec)
```

图 4-15　MySQL Slave 自动同步数据

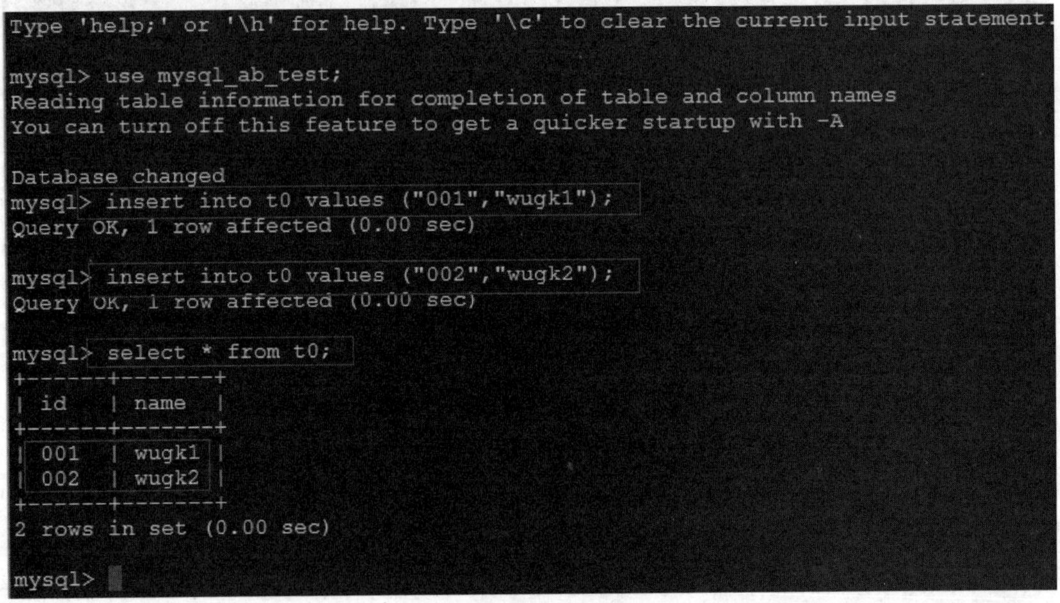

```
Type 'help;' or '\h' for help. Type '\c' to clear the current input statement.

mysql> use mysql_ab_test;
Reading table information for completion of table and column names
You can turn off this feature to get a quicker startup with -A

Database changed
mysql> insert into t0 values ("001","wugk1");
Query OK, 1 row affected (0.00 sec)

mysql> insert into t0 values ("002","wugk2");
Query OK, 1 row affected (0.00 sec)

mysql> select * from t0;
+------+-------+
| id   | name  |
+------+-------+
| 001  | wugk1 |
| 002  | wugk2 |
+------+-------+
2 rows in set (0.00 sec)

mysql>
```

图 4-16　MySQL Master 插入数据

Slave 服务器端执行查询命令，如图 4-17 所示，表示在 Master 服务器插入的数据已经同步到 Slave 服务器端。

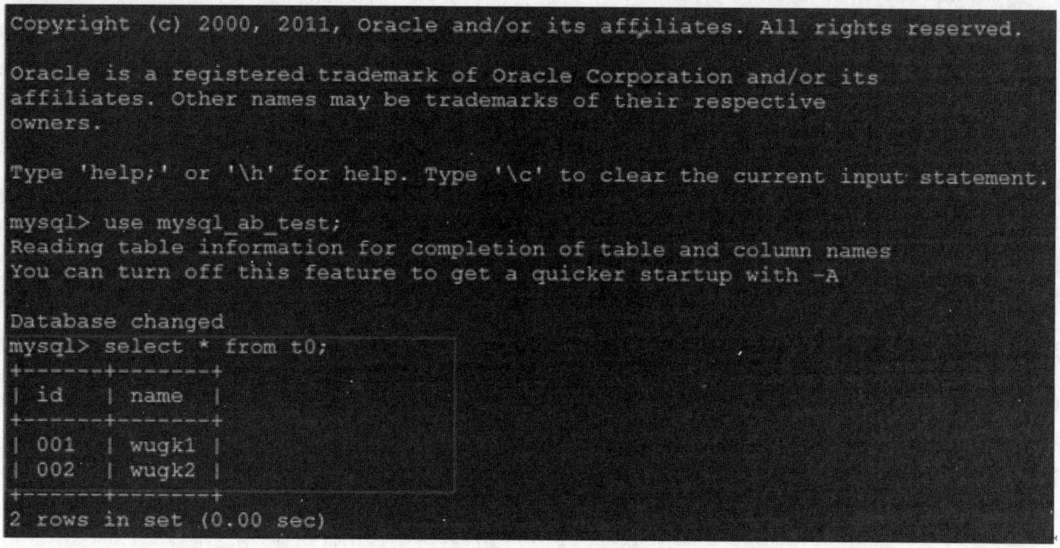

```
Copyright (c) 2000, 2011, Oracle and/or its affiliates. All rights reserved.

Oracle is a registered trademark of Oracle Corporation and/or its
affiliates. Other names may be trademarks of their respective
owners.

Type 'help;' or '\h' for help. Type '\c' to clear the current input statement.

mysql> use mysql_ab_test;
Reading table information for completion of table and column names
You can turn off this feature to get a quicker startup with -A

Database changed
mysql> select * from t0;
+------+-------+
| id   | name  |
+------+-------+
| 001  | wugk1 |
| 002  | wugk2 |
+------+-------+
2 rows in set (0.00 sec)
```

图 4-17   MySQL Slave 数据已同步

4.16 MySQL 主从同步排错思路

MySQL 主从同步集群在生成环境使用过程中，如果主从服务器之间网络通信条件差或者数据库数据量非常大，容易导致 MySQL 主从同步延迟。

MySQL 主从产生延迟之后，一旦主库宕机，会导致部分数据没有及时同步至从库；重新启动主库，会导致从库与主库同步错误。如何快速恢复主从同步关系呢？有如下两种方法。

（1）忽略错误后，继续同步。

此方法适用于主从库数据内容相差不大，或者要求数据可以不完全统一、数据要求不严格的情况。

Master 服务器端执行如下命令，将数据库设置全局读锁，不允许写入新数据。

```
flush tables with read lock;
```

Slave 服务器端停止 Slave I/O 及 SQL 线程，同时将同步错误的 SQL 跳过 1 次，跳过会导致数据不一致，最后启动 start slave 服务，同步状态恢复，命令如下：

```
stop slave;
```

```
set  global sql_slave_skip_counter =1;
start slave;
```

（2）重新做主从同步，完全同步。

此方法适用于主从库数据内容相差很大，或者要求数据完全统一的情况，数据需完全保持一致。

Master 服务器端执行如下命令，将数据库设置全局读锁，不允许写入新数据。

```
flush  tables  with  read  lock;
```

Master 服务器端基于 mysqldump、xtrabackup 工具进行完整的数据库备份，也可以用 Shell 脚本或 Python 脚本实现定时备份。备份成功之后，将完整的数据导入从库，重新配置主从关系，当 Slave 服务器端的 I/O 线程、SQL 线程均为 YES 之后，将 Master 服务器端读锁解开即可，解锁命令如下：

```
unlock tables;
```

第 5 章　MyCAT+MySQL 读写分离实战

5.1 MyCAT 背景

随着互联网时代的发展、传统的数据库技术日趋成熟、计算机网络技术的飞速发展和应用范围的扩大，数据库已经普遍应用于计算机网络。此时集中式数据库系统表现出它的不足：

（1）集中式处理，势必造成性能瓶颈；

（2）应用程序集中在一台计算机上运行，一旦该计算机发生故障，则整个系统受到影响，可靠性不高；

（3）集中式处理引起系统的规模和配置都不够灵活，系统的可扩充性差；

在这种形势下，集中式数据库将向分布式数据库发展。

5.2 MyCAT 发展历程

MyCAT 的诞生，要从其前身 Amoeba 和 Cobar 说起。Amoeba（变形虫）项目于 2008 年开始发布一款 Amoeba for MySQL 软件。这款软件致力于 MySQL 的分布式数据库前端代理层主要在应用层访问 MySQL 的时候充当 SQL 路由功能，专注于分布式数据库代理层（Database Proxy）开发。

MyCAT 具有负载均衡、高可用性、SQL 过滤、读写分离、可并发请求多台数据库合并结果的特点。通过 Amoeba，用户能够实现多数据源的高可用、负载均衡、数据切片的功能。目前 Amoeba 已在很多企业的生产线上使用。

阿里巴巴于 2012 年 6 月 19 日正式对外开源的数据库中间件 Cobar，前身是早已经开源的 Amoeba，不过其作者陈思儒离职去盛大之后，阿里巴巴内部考虑到 Amoeba 的稳定性、性能和功能支持及其他因素，重新为其设立了一个项目组并命名为 Cobar。Cobar 是由阿里巴巴开源的 MySQL 分布式处理中间件，它可以在分布式的环境下像传统数据库一样提供海量数据服务。

Cobar 自诞生之日起就受到广大程序员的追捧，但是自 2021 年后，几乎没有后续更新。在此情况下，MyCAT 应运而生，它基于阿里巴巴开源的 Cobar 产品而研发，Cobar 的稳定性、可靠性、优秀的架构和性能，以及众多成熟的使用案例使得 MyCAT 拥有一个很好的起点，站在巨人的肩膀上，MyCAT 能看得更远。目前 MyCAT 的最新发布版本为 1.6 版本。MyCAT 启动界面如图 5-1 所示。

图 5-1　MyCAT 启动界面

从定义和分类来看，MyCAT 是一个开源的分布式数据库系统，是一个实现了 MySQL 协议的服务（Server），前端用户可以把它看作一个数据库代理中间件，基于 MySQL 客户端工具和命令行访问，其后端可以用 MySQL 原生（Native）协议与多个 MySQL 服务器通信，也可以用 JDBC 协议与大多数主流数据库服务器通信。其核心功能是分库分表，即将一个大表水平分割为 N 个小表，存储在后端 MySQL 服务器或者其他数据库里。

MyCAT 发展到目前版本，已经不再是一个单纯的 MySQL 代理，它的后端可以支持 MySQL、SQL Server、Oracle、DB2、PostgreSQL 等主流数据库，也支持 MongoDB 这种新型 NOSQL 方式的存储，未来还会支持更多类型的存储。

最终用户看来，无论是哪种存储方式，在 MyCAT 里，都是一个传统的数据库表，支持标准的 SQL 语句进行数据的操作。对前端业务系统来说，可以大幅降低开发难度，提升开发速度。

（1）DBA 眼中的 MyCAT。

MyCAT 就是 MySQL Server，而 MyCAT 后面连接的 MySQL Server 就好像是 MySQL 的存储引擎，如 InnoDB、MyISAM 等，因此，MyCAT 本身并不存储数据，数据是在后端的 MySQL 上存储的，因此数据可靠性以及事务等都是 MySQL 保证的。简单地说，MyCAT 就是 MySQL 最佳伴侣，它在一定程度上让 MySQL 拥有了跟 Oracle 比拼的能力。

（2）软件工程师眼中的 MyCAT。

MyCAT 就是一个近似等于 MySQL 的数据库服务器，用户可以用连接 MySQL 的方式连接 MyCAT（除了端口不同，默认的 MyCAT 端口是 8066 而非 MySQL 的 3306，因此需要在连接字符串上增加端口信息），大多数情况下，可以用用户熟悉的对象映射框架使用 MyCAT，但对于分片表，建议尽量使用基础的 SQL 语句，以达到最佳性能，特别是在几千万甚至几百亿条记录的情况下。

（3）架构师眼中的 MyCAT。

MyCAT 是一个强大的数据库中间件，不仅可以用作读写分离、分表分库、容灾备份，而且可以用于多租户应用开发、云平台基础设施、让用户的架构具备很强的适应性和灵活性。借助于即将发布的 MyCAT 智能优化模块，系统的数据访问瓶颈和热点一目了然，根据这些统计分析数据，可以自动或手动调整后端存储，将不同的表映射到不同存储引擎上，而整个应用的代码一行也不用改变。

5.3　MyCAT 中间件原理

MyCAT 的原理中最重要的一个概念是"拦截"，它拦截用户发送过来的 SQL 语句，首先对 SQL 语句作一些特定的分析，如分片分析、路由分析、读写分离分析、缓存分析等，然后将此 SQL 发往后端的真实数据库，并将返回的结果做适当的处理，最终再返回给用户，如图 5-2 所示。

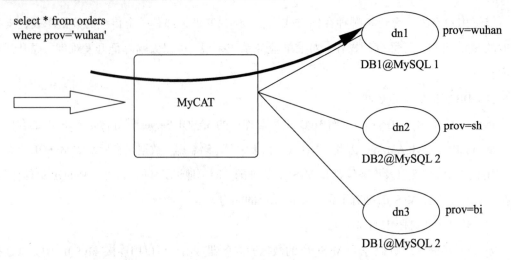

图 5-2　MyCAT 查询分步图

如图 5-2 所示，Orders 表被分为三个分片 datanode（简称 dn），这三个分片分布在两台 MySQL Server 上（DataHost），即 datanode=database@datahost 方式，因此可以用一台到 N 台服务器来分片，分片规则为（sharding rule）典型的字符串枚举分片规则，一个规则的定义是分片字段（sharding column）+分片函数（rule function），这里的分片字段为 rov，分片函数为字符串枚举方式。

当 MyCAT 收到一个 SQL 时，会先解析这个 SQL，查找涉及的表，然后查看此表的定义，如果有分片规则，则获取 SQL 里分片字段的值，并匹配分片函数，得到该 SQL 对应的分片列表，然后将 SQL 发往这些分片执行，最后收集和处理所有分片返回的结果数据，并输出到客户端。

以 select * from orders where prov=?语句为例，查到 prov=wuhan，按照分片函数，wuhan 返回 dn1，于是 SQL 发给 MySQL1，获取 DB1 上的查询结果，并返回给用户。

如果上述 SQL 语句改为 elect * from orders where prov in ('wuhan', 'beijing')，那么，SQL 就会发给 MySQL1 与 MySQL2 执行，然后结果集合并后输出给用户。

通常业务中的 SQL 会有 Order By 及 Limit 翻页语法，此时就涉及结果集在 MyCAT 端的二次处理，这部分的代码也比较复杂，而最复杂的则属两个表的 jion 问题，为此，MyCAT 提出了创新性的 ER 分片、全局表、HBT（Human Brain Tech）人工智能的 Catlet 以及结合 Storm/Spark 引擎等十八般武艺的解决办法，从而成为目前业界最强大的方案，这就是开源的力量。

5.4　MyCAT 应用场景

　　MyCAT 发展到现在，适用的场景已经很丰富，而且不断有新用户给出新的创新性的方案，以下是几个典型的应用场景。

　　（1）单纯的读写分离：此时配置最为简单，支持读写分离，主从切换。

　　（2）分表分库：对于超过 1000 万的表进行分片，最大支持 1000 亿的单表分片。

　　（3）多租户应用：每个应用一个库，但应用程序只连接 MyCAT，从而不改造程序本身，实现多租户化。

　　（4）报表系统：借助于 MyCAT 的分表能力，处理大规模报表的统计。

　　（5）代替 HBase，分析大数据。

　　（6）作为海量数据实时查询的一种简单有效方案：例如，100 亿条频繁查询的记录需要在 3s 内查询出结果，除了基于主键的查询，还可能存在范围查询或其他属性查询，此时 MyCAT 可能是最简单有效的选择。

　　（7）单纯的 MyCAT 读写分离：配置最为简单，支持读写分离，主从切换分表分库，对于超过 1000 万的表进行分片，最大支持 1000 亿的单表分片。

　　（8）多租户应用：每个应用一个库，但应用程序只连接 MyCAT，从而不改造程序本身，实现多租户化。

　　（9）报表系统，借助于 MyCAT 的分表能力，处理大规模报表的统计替代 HBase，分析大数据，作为海量数据实时查询的一种简单有效方案，例如，100 亿条频繁查询的记录需要在 3s 内查询出结果，除了基于主键的查询，还可能存在范围查询或其他属性查询，此时 MyCAT 可能是最简单有效的选择。

5.5　MyCAT 概念详解

　　MyCAT 是一个开源的分布式数据库系统，但是由于真正的数据库需要存储引擎，而 MyCAT 并没有存储引擎，所以并不是完全意义的分布式数据库系统。

5.5.1　MyCAT 数据库中间件

　　那么 MyCAT 是什么？MyCAT 是数据库中间件，就是介于数据库与应用之间，进行数据处理与交互的中间服务。对数据进行分片处理之后，从原有的一个库，切分为多个分片数据库，所有的分片数据库集群构成了整个完整的数据库存储，如图 5-3 所示。

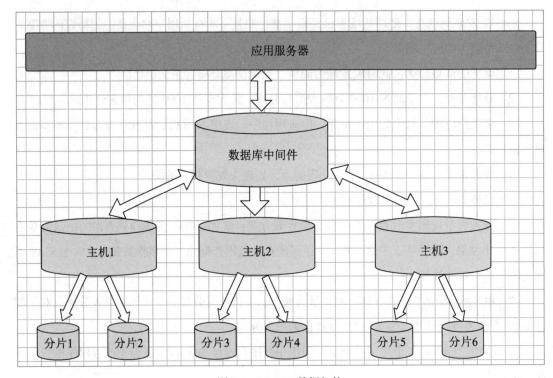

图 5-3　MyCAT 数据架构

如图 5-3 所示，数据被分到多个分片数据库后，应用如果需要读取数据，就要处理多个数据源的数据。如果没有数据库中间件，那么应用将直接面对分片集群，数据源切换、事务处理、数据聚合都需要应用直接处理，原本应该专注于业务的应用，将会做大量的工作处理分片后的问题，最重要的是每个应用处理将是完全的重复工作。

加入数据库中间件之后，应用只需要专注于业务处理，大量的通用的数据聚合、事务、数据源切换都由中间件处理，中间件的性能与处理能力将直接决定应用的读写性能，所以一款好的数据库中间件至关重要。

5.5.2　MyCAT 逻辑库（schema）

实际应用中，开发人员并不需要知道中间件的存在，只需要知道数据库的概念，所以数据库中间件可以被看作一个或多个数据库集群构成的逻辑库。

在云计算时代，数据库中间件可以以多租户的形式给一个或多个应用提供服务，每个应用访问的可能是一个独立或共享的物理库，常见的如阿里云数据库服务（RDS）。

5.5.3　MyCAT 逻辑表（Table）

MyCAT 既然有逻辑库，就会有逻辑表，分布式数据库中，对应用来说，读写数据的表就是逻辑表。逻辑表可以是数据切分后，分布在一个或多个分片库中；也可以不作数据切分，不分片，只由一个表构成。

5.5.4　MyCAT 分片表

MyCAT 分片表是指那些数据很大、需要切分到多个数据库的表，这样，每个分片都有一部分数据，所有分片构成了完整的数据。

例如在 MyCAT 配置中的 t_node 就属于分片表，数据按照规则被分到 dn1、dn2 两个分片节点（dataNode）上。

```
<table name=nt_noden primaryKey=nvidn autoincrement=ntruen dataNode=ndn1,
dn2n rule=nrule1n />
```

5.5.5　MyCAT 非分片表

如果一个数据库中并不是所有的表都很大，某些表是可以不用进行切分的，则称为非分片表。非分片表是相对分片表来说的，就是那些不需要进行数据切分的表。如下配置中，t_node 只存在于分片节点（dataNode）dn1 上。

```
<table name=nt_noden  primaryKey=nvidn  autoincrement=ntruen  dataNode=
ndn1" />
```

5.5.6　MyCAT ER 表

关系型数据库基于实体关系模型（Entity–Relationship Model），描述真实世界中的事物与关系。MyCAT 中的 ER 表即是来源于此。根据这一思路，提出了基于 E-R 关系的数据分片策略，子表的记录与所关联的父表记录存放在同一个数据分片上，即子表依赖于父表，通过表分组（Table Group）保证数据连接不会跨库操作。

表分组（Table Group）是解决跨分片数据连接的一种很好的思路，也是数据切分规划的一条重要规则。

5.5.7　MyCAT 全局表

一个真实的业务系统中，往往存在大量的类似字典表的表，这些表基本很少变动。字典表具有以下几个特性：

（1）变动不频繁；

（2）数据量总体变化不大；

（3）数据规模不大，很少超过数十万条记录。

5.5.8　分片节点（dataNode）

MyCAT 数据切分后，一个大表被分到不同的分片数据库上面，每个表分片所在的数据库就是分片节点（dataNode）。

5.5.9　节点主机（dataHost）

MyCAT 数据切分后，每个分片节点不一定都会独占一台机器，同一机器上面可以有多个分片数据库，这样一个或多个分片节点所在的机器就是节点主机，为了规避单节点主机并发数限制，尽量将读写压力高的分片节点均衡地放在不同的节点主机。

5.5.10　分片规则（rule）

MyCAT 数据切分，1 个大表被分成若干个分片表，就需要一定的规则，按照某种业务规则把数据分到某个分片的规则就是分片规则。数据切分选择合适的分片规则非常重要，将极大地避免后续数据处理的难度。

5.5.11　MyCAT 多租户

多租户技术又称多重租赁技术，是一种软件架构技术，用于实现在多用户的环境下共用相同的系统或程序组件，并且仍可确保各用户间数据的隔离性。

在云计算时代，多租户技术在共用的数据中心以单一系统架构与服务提供多数客户端相同甚至可定制化的服务，并且仍然可以保障客户的数据隔离。

目前各种各样的云计算服务就是这类技术范畴，例如阿里云数据库服务（RDS）、阿里云服务器（ECS）等。

5.6　数据多租户方案

目前互联网多租户在数据存储上有三种主要的方案，即独立数据库、共享数据库和共享数据库共享架构。

1. 独立数据库

多租户第一种方案，即一个租户一个数据库，这种方案的用户数据隔离级别最高，安全性最好，但成本也高。

该方案优点如下。

（1）为不同的租户提供独立的数据库，有助于简化数据模型的扩展设计，满足不同租户的独特需求。

（2）如果出现故障，恢复数据比较简单。

该方案缺点如下。

（1）数据库的安装数量增大。

（2）数据库维护成本和购置成本增加。

这种方案与传统的一个客户、一套数据、一套部署类似，差别只在于软件统一部署在运营商那里。如果面对的是银行、医院等需要非常高的数据隔离级别的租户，可以选择这种模式，提高租用的定价。如果定价较低，产品走低价路线，这种方案一般对运营商来说是无法承受的。

2. 共享数据库，隔离数据架构

多租户第二种方案，即多个或所有租户共享数据库，但是每个租户一个模式。

该方案优点如下。

（1）为安全性要求较高的租户提供了一定程度的逻辑数据隔离，但并不是完全隔离的。

（2）每个数据库可以支持更多的租户数量。

该方案缺点如下。

（1）如果出现故障，数据恢复比较困难，因为恢复数据库将牵涉其他租户的数据。

（2）如果需要跨租户统计数据，存在一定困难。

3. 共享数据库，共享数据架构

多租户第三种方案，即租户共享同一个数据库、同一个模式，但在表中通过 TenantID 区分租户的数据。这是共享程度最高、隔离级别最低的模式。

该方案优点如下。

（1）在三种方案中维护和购置成本最低。

（2）允许每个数据库支持的租户数量最多。

该方案缺点如下。

（1）隔离级别、安全性最低，需要在设计开发时加大对安全的开发量。

（2）数据备份和恢复最困难，需要逐表逐条备份和还原。

如果希望以最少的服务器为最多的租户提供服务，并且租户接受以牺牲隔离级别换取降低成本。

5.7 MyCAT 数据切分

简单来说，MyCAT 数据切分就是指通过某种特定的条件，将存放在同一个数据库中的数据分散存放到多个数据库（主机），以达到分散单台设备负载的效果。根据数据的切分（Sharding）规则，可以分为两种切分模式：

（1）按照不同的表（或者模式）切分到不同的数据库（主机），这种切分称为数据的垂直（纵向）切分；

（2）根据表中的数据的逻辑关系，将同一个表中的数据按照某种条件拆分到多台数据库（主机），这种切分称为数据的水平（横向）切分。

垂直切分的最大特点就是规则简单，实施也更为方便，尤其适合各业务之间耦合度非常低、相互影响很小、业务逻辑非常清晰的系统。在这种系统中，可以很容易做到将不同业务模块所使用的表切分到不同的数据库。根据不同的表进行切分，对应用程序的影响也更小，切分规则也会比较简单清晰。

与垂直切分相比，水平切分稍微复杂一些。因为要将同一个表中的不同数据切分到不同的据库中，对于应用程序来说，切分规则本身就较根据表名切分更为复杂，后期的数据维护也会更复杂。

5.7.1　垂直切分

数据库由很多表的构成，每个表对应着不同的业务，垂直切分是指按照业务将表进行分类，分布到不同的数据库，这样也就将数据或者说压力分散到不同的数据库中。

一个架构设计较好的应用系统，其总体功能肯定是由很多个功能模块组成的，而每一个功能模块所需要的数据对应到数据库中就是一个或者多个表。而在架构设计中，各个功能模块相互之间的交互点越统一、越少，系统的耦合度就越低，系统各个模块的维护性以及扩展性也就越好。这样的系统，实现数据的垂直切分也就越容易。

系统中有些表往往难以做到完全独立，存在扩库连接（join）的情况。对于这类的表，就需要平衡，是数据库让步业务，共用一个数据源，还是分成多个库，业务之间通过接口调用。在系统初期，数据量比较少或者资源有限的情况下，会选择共用数据源，但是当数据发展到了一定的规模，负载很大的时候，就必须切分。

一般来讲，业务存在着复杂连接的场景是难以切分的，往往业务独立的易于切分。如何切分，切分到何种程度是考验技术架构的一个难题。

垂直切分的优点有以下几个。

（1）拆分后业务清晰，拆分规则明确。

（2）系统之间整合或扩展容易。

（3）数据维护简单。

垂直切分的缺点有以下几个。

（1）部分业务表无法连接，只能通过接口方式解决，提高了系统复杂度。

（2）受每种业务不同的限制，存在单库性能瓶颈，不易扩展，不易提升性能。

（3）事务处理复杂。由于垂直切分是按照业务的分类将表分散到不同的库，所以有些业务表会过于庞大，存在单库读写与存储瓶颈，所以就需要水平切分。

5.7.2　水平切分

相对于垂直切分，水平切分不是将表做分类，而是按照某个字段的某种规则分散到多个库中，每个表中包含一部分数据。可以将数据的水平切分理解为按照数据行的切分，就是将表中的某些行切分到一个数据库，而另外的某些行切分到其他数据库。

切分数据就需要定义分片规则。关系型数据库是行列的二维模型，切分的第一原则是找到切分维度。例如，从会员的角度分析，商户订单交易类系统中查询会员某天某个订单，那么就需要按照会员结合日期切分，不同的数据按照会员 ID 进行分组，这样所有的数据查询连接都会在单库内解决；如果从商户的角度，要查询某个商家某天所有的订单数，就需要按照商户 ID 做切分；但是如果系统既想按会员切分，又想按商家数据切分，则会有一定的困难。如何找到合适的分片规则需要综合考虑衡量。

5.8　典型的切分规则

典型的切分规则如下：

（1）按照用户 ID 求模，将数据分散到不同的数据库，具有相同数据用户的数据都被分散在一个库中；

（2）按照日期求模，将不同月甚至日的数据分散到不同的库中；

（3）按照某个特定的字段求模，或者根据特定范围段分散到不同的库中。

数据库切分优点如下：

（1）不存在单库大数据高并发的性能瓶颈；

（2）应用端改造较少；

（3）提高了系统的稳定性和负载能力。

数据库切分缺点如下：

（1）切分规则难以抽象；

（2）分片事务一致性难以解决；

（3）数据多次扩展难度及维护量极大；

（4）跨库连接性能较差。

垂直切分、水平切分共同的缺点如下：

（1）引入分布式事务的问题；

（2）存在跨节点连接的问题；

（3）存在跨节点合并排序分页问题；

（4）存在多数据源管理问题。

针对数据源管理，目前主要有以下两种思路。

（1）客户端模式，在每个应用程序模块中配置管理自己需要的一个（或者多个）数据源，直接访问各个数据库，在模块内完成数据的整合。

（2）通过中间代理层统一管理所有的数据源，后端数据库集群对前端应用程序透明。可能 90%以上的人在面对上面这两种解决思路时都会倾向于选择第二种，尤其是在系统不断变得庞大复杂的情况下。确实，这是一个非常正确的选择，虽然短期内需要付出的成本可能相对更大一些，但是对整个系统的扩展性来讲，是非常有帮助的数据切分的原则。

数据切分的原则如下：

（1）能不切分尽量不要切分；

（2）如果切分，一定要选择合适的切分规则，提前规划好；

（3）数据切分尽量通过数据冗余或者表分组（Table Group）降低跨库连接的可能；

（4）由于数据库中间件对数据连接实现的优劣难以把握，且实现高性能难度极大，业务读取尽量少使用多表连接。

5.9　MyCAT 安装配置

MyCAT 系统安装环境如下：

```
192.168.149.128   MyCAT
192.168.149.129   MYSQL-MASTER
192.168.149.130   MYSQL-SLAVE
```

MyCAT 安装之前，需要先安装 JDK（Java Development Kit，Java 语言的软件开发工具包），这里安装版本为 jdk1.7.0_75.tar.gz：

```
tar  -xzf  jdk1.7.0_75.tar.gz
mkdir -p  /usr/java/
mv jdk1.7.0_75  /usr/java/
```

配置 Java 环境变量，在/etc/profile 文件中添加如下语句：

```
export JAVA_HOME=/usr/java/jdk1.7.0_75
export CLASSPATH=$CLASSPATH:$JAVA_HOME/lib:$JAVA_HOME/jre/lib
export PATH=$JAVA_HOME/bin:$JAVA_HOME/jre/bin:$PATH:$HOME/bin
source  /etc/profile          #使环境变量立刻生效
java  -version                #查看 Java 版本,显示版本为 1.7.0_75,证明安装成功
```

官网下载 MyCAT 稳定版本 1.6。

进入 MyCAT 主目录，如图 5-4 所示。

```
[root@www-jfedu-net ~]# cd
[root@www-jfedu-net ~]#
[root@www-jfedu-net ~]# cd /usr/local/mycat
[root@www-jfedu-net mycat]# ls
bin  catlet  conf  lib  logs  version.txt
[root@www-jfedu-net mycat]# ll
total 24
drwxr-xr-x 2 root root 4096 Jul 27 11:57 bin
drwxrwxrwx 2 root root 4096 Mar  1  2016 catlet
drwxrwxrwx 4 root root 4096 Jul 27 19:41 conf
drwxr-xr-x 2 root root 4096 Jul 27 11:57 lib
drwxrwxrwx 3 root root 4096 Jul 28 00:00 logs
-rwxrwxrwx 1 root root  217 Oct 28  2016 version.txt
[root@www-jfedu-net mycat]# 
```

图 5-4　MyCAT 部署完成

MyCAT 配置目录详解如下。

（1）bin 程序目录下存放了 Windows 版本和 Linux 版本启动脚本，除了提供封装服务的版本之外，还提供了 nowrap 的 Shell 脚本命令，方便大家选择和修改。进入 bin 目录。

① Linux 下运行：./mycat console，首先要 chmod +x *授权。

② MyCAT 支持的命令包括 console、start、stop、restart、status、dump。

（2）conf 目录下存放配置文件，其中：

① server.xm 为 MyCAT 服务器参数调整和用户授权的配置文件；

② schema.xm 为逻辑库定义和表及分片定义的配置文件；

③ rule.xml 为分片规则的配置文件，分片规则的具体一些参数信息单独存放为文件，也在这个目录下。配置文件修改后，需要重启 MyCAT 或者通过 9066 端口重载。

（3）lib 目录下主要存放 MyCAT 依赖的一些 JAR 文件。

① 日志存放在 logs/mycat.log 中，每天一个文件，日志的配置是在 conf/log4j.xml 中，根据自己的需要，可以调整输出级别为 debug。

② Catlet 支持跨分片复杂 SQL 实现以及存储过程支持。

本书基于 MyCAT 实现读写分离，只需要涉及两个 MyCAT 配置文件，分别是 server.xml 和 schema.xml 文件。

其中 server.xml 文件主要配置段内容如下：

```
<user name="jfedu1">
            <property name="password">jfedu1</property>
            <property name="schemas">testdb</property>
</user>
<user name="jfedu2">
            <property name="password">jfedu2</property>
            <property name="schemas">testdb</property>
            <property name="readOnly">true</property>
</user>
```

创建 jfedu1、jfedu2 两个用户用于连接 MyCAT 中间件：

（1）用户名 jfedu1，密码 jfedu1，对逻辑数据库 testdb 具有增删改查的权限，即 Web 连接 MyCAT 的用户名和密码；

（2）用户名 jfedu2，密码 jfedu2，该用户对逻辑数据库 testdb 只读的权限。

其中 schema.xml 文件主要配置内容如下：

```
<?xml version="1.0"?>
<!DOCTYPE mycat:schema SYSTEM "schema.dtd">
<mycat:schema xmlns:mycat="http://io.mycat/">
<schema name="testdb" checkSQLschema="false" sqlMaxLimit="1000" dataNode=
"dn1">
</schema>
<dataNode name="dn1" dataHost="localhost1" database="discuz" />
<dataHost name="localhost1" maxCon="2000" minCon="1" balance="0" writeType
="1" dbType="mysql" dbDriver="native" switchType="1"  slaveThreshold="100">
<heartbeat>select  user()</heartbeat>
<writeHost host="hostM1" url="192.168.149.129:3306" user="root"  password=
"123456">
<readHost host="hostS1" url="192.168.149.130:3306" user="root" password=
"123456" />
</writeHost>
</dataHost>
</mycat:schema>
```

以上配置逻辑数据库 testdb 必须和 server.xml 中用户指定的 testdb 数据库名称一致，否则会报错。以下为配置文件详解：

```
<?xml version="1.0"?>
#XML 文件格式
<!DOCTYPE mycat:schema SYSTEM "schema.dtd">
#文件标签属性
<mycat:schema xmlns:mycat="http://io.mycat/">
#MyCAT 起始标签
<schema name="testdb" checkSQLschema="false" sqlMaxLimit="1000" dataNode=
"dn1">
</schema>
#配置逻辑库,与server.xml指定库名保持一致,绑定数据节点dn1
<dataNode name="dn1" dataHost="localhost1" database="discuz" />
#添加数据节点dn1,设置数据节点host名称,同时设置数据节点真实database为discuz
<dataHost name="localhost1" maxCon="2000" minCon="1" balance="0" writeType=
"1" dbType="mysql" dbDriver="native" switchType="1"  slaveThreshold="100">
#数据节点主机,绑定数据节点,设置连接数及均衡方式、切换方法、驱动程序、连接方法
```

Balance 均衡策略设置如下。

（1）balance=0，不开启读写分离机制，所有读操作都发送到当前可用的 writeHost。

（2）balance=1，全部的 readHost 与 stand by writeHost 参与 select 语句的负载均衡，简单地说，当双主双从模式（M1->S1，M2->S2，且 M1 与 M2 互为主备），正常情况下，M2、S1、S2 都参与 select 语句的负载均衡。

（3）balance=2，所有读操作都随机在 readHost 和 writeHost 上分发。

（4）balance=3，所有读请求随机分发到 wiriterHost 对应的 readHost 执行，writerHost 不负担读压力。

writeType 写入策略设置如下。

（1）writeType=0，所有写操作发送到配置的第一个 writeHost。

（2）writeType=1，所有写操作都随机发送到配置的 writeHost。

（3）writeType=2，不执行写操作。

switchType 策略设置如下。

（1）switchType=-1，表示不自动切换。

（2）switchType=1，默认值，自动切换。

（3）switchType=2，基于 MySQL 主从同步的状态决定是否切换。

（4）switchType=3，基于 MySQL galary cluster 的切换机制（适合集群）。

```
<heartbeat>select  user()</heartbeat>
#检测后端 MySQL 实例,SQL 语句
<writeHost host="hostM1" url="192.168.149.129:3306" user="root" password=
"123456">
<readHost host="hostS1" url="192.168.149.130:3306" user="root" password=
"123456" />
</writeHost>
#指定读写请求,同时转发至后端 MySQL 真实服务器,配置连接后端 MySQL 用户名和密码(该用户
#名和密码为 MySQL 数据库用户名和密码)
</dataHost>      数据主机标签
</mycat:schema>   MyCAT 结束标签
```

5.10　MyCAT 读写分离测试

MyCAT 配置完毕，直接启动即可，命令为/usr/local/mycat/bin/mycat start，如图 5-5 所示。

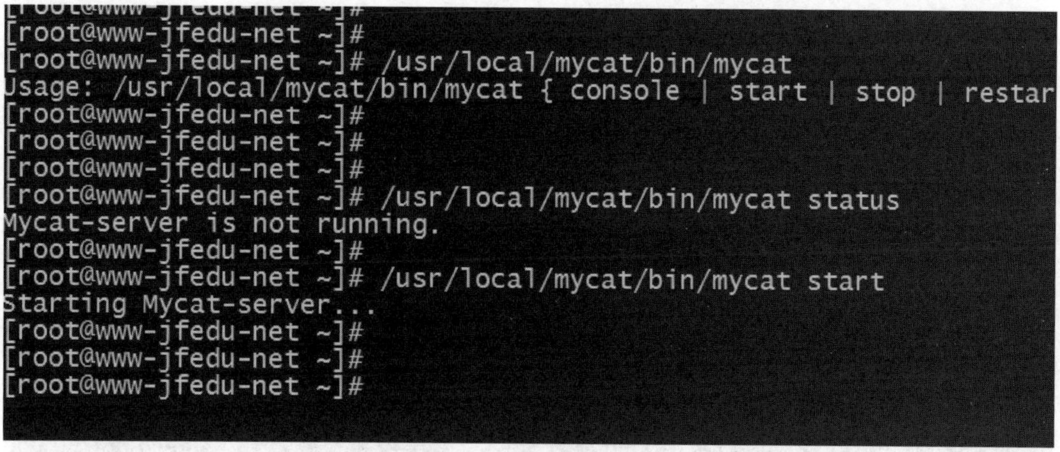

图 5-5　MyCAT 服务启动

查看 8066 和 9066 端口是否启动，其中 8066 用于 Web 连接 MyCAT，9066 用于 SA|DBA 管理端口，命令如下，如图 5-6 所示。

```
netstat -ntl|grep -E --color "8066|9066"
```

```
[root@www-jfedu-net ~]# tail -3 /usr/local/mycat/logs/wrapper.log
INFO    | jvm 1    | 2017/07/28 06:32:42 | 2017-07-28 06:32:42,751 [INFO ][$_
or] no ilde connection in pool,create new connection for hostS1 of schema d
mycat.backend.datasource.PhysicalDatasource:PhysicalDatasource.java:413)
INFO    | jvm 1    | 2017/07/28 06:32:42 | 2017-07-28 06:32:42,752 [INFO ][$_
or] close connection,reason:java.net.ConnectException: Connection refused ,
tion [id=0, lastTime=1501194762737, user=root, schema=discuz, old shema=dis
ed=false, fromSlaveDB=true, threadId=0, charset=utf8, txIsolation=3, autoco
attachment=null, respHandler=null, host=192.168.149.130, port=3306, statusS
riteQueue=0, modifiedSQLExecuted=false] (io.mycat.net.AbstractConnection:A
ection.java:508)
INFO    | jvm 1    | 2017/07/28 06:32:42 | 2017-07-28 06:32:42,752 [INFO ][$_
or] can't get connection for sql :select user() (io.mycat.sqlengine.SQLJo
va:114)
[root@www-jfedu-net ~]# netstat -ntl|grep -E --color "8066|9066"
tcp       0      0 :::8066                  :::*
tcp       0      0 :::9066                  :::*
```

图 5-6　MyCAT 服务端口

进入 MyCAT 命令行界面，命令如下，如图 5-7 所示。

```
mysql -h192.168.149.128 -ujfedu1 -pjfedu1 -P8066
```

```
[root@www-jfedu-net ~]# mysql -h192.168.149.128 -ujfedu1 -pjfedu1 -P8066
Welcome to the MySQL monitor.  Commands end with ; or \g.
Your MySQL connection id is 1
Server version: 5.6.29-mycat-1.6-RELEASE-20161028204710 MyCat Server (Ope

Copyright (c) 2000, 2013, Oracle and/or its affiliates. All rights reserv

Oracle is a registered trademark of Oracle Corporation and/or its
affiliates. Other names may be trademarks of their respective
owners.

Type 'help;' or '\h' for help. Type '\c' to clear the current input state

mysql> show databases;
+----------+
| DATABASE |
+----------+
| testdb   |
+----------+
1 row in set (0.01 sec)
```

图 5-7　MyCAT 命令行终端

插入数据，以 9066 端口登录，执行命令如下，如图 5-8 所示。

```
show @@datasource;
```

停止 Slave 数据库，所有读写请求均读取 Master 数据库，如图 5-9 所示。

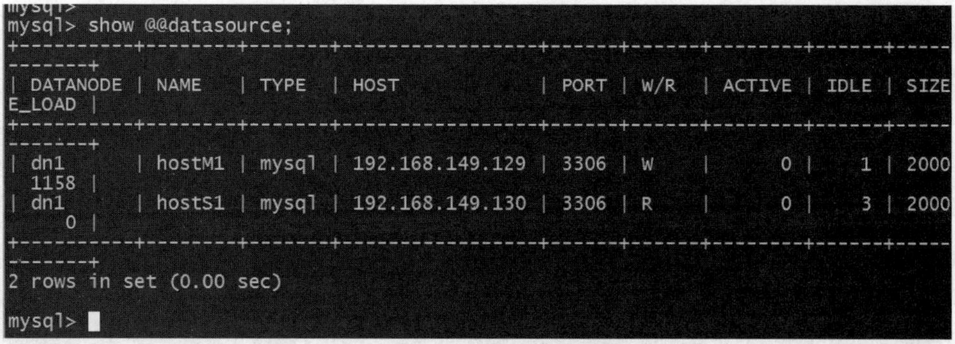

```
mysql>
mysql> show @@datasource;
+----------+--------+-------+-----------------+------+-----+--------+------+------+
-------+
| DATANODE | NAME   | TYPE  | HOST            | PORT | W/R | ACTIVE | IDLE | SIZE |
E_LOAD |
+----------+--------+-------+-----------------+------+-----+--------+------+------+
-------+
| dn1      | hostM1 | mysql | 192.168.149.129 | 3306 | W   |      0 |    1 | 2000 |
  1158  |
| dn1      | hostS1 | mysql | 192.168.149.130 | 3306 | R   |      0 |    3 | 2000 |
     0  |
+----------+--------+-------+-----------------+------+-----+--------+------+------+
-------+
2 rows in set (0.00 sec)

mysql>
```

图 5-8　MyCAT 查看数据源

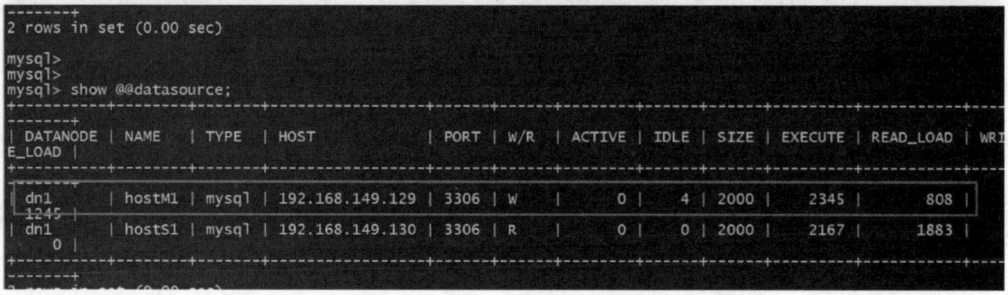

```
2 rows in set (0.00 sec)

mysql>
mysql>
mysql> show @@datasource;
+----------+--------+-------+-----------------+------+-----+--------+------+------+---------+-----------+-----+
| DATANODE | NAME   | TYPE  | HOST            | PORT | W/R | ACTIVE | IDLE | SIZE | EXECUTE | READ_LOAD | WRI |
E_LOAD |
+----------+--------+-------+-----------------+------+-----+--------+------+------+---------+-----------+-----+
| dn1      | hostM1 | mysql | 192.168.149.129 | 3306 | W   |      0 |    4 | 2000 |    2345 |       808 |     |
  1245  |
| dn1      | hostS1 | mysql | 192.168.149.130 | 3306 | R   |      0 |    2 | 2000 |    2167 |      1883 |     |
     0  |
+----------+--------+-------+-----------------+------+-----+--------+------+------+---------+-----------+-----+
```

图 5-9　MyCAT 读写请求

5.11　MyCAT 管理命令

MyCAT 自身有类似其他数据库的管理监控方式，可以通过 MySQL 命令行，登录管理端口（9066）执行相应的 SQL 语句进行管理，也可以通过 JDBC 的方式进行远程连接管理。本节主要讲解命令行的管理操作。

其中，8066 数据端口、9066 管理端口登录方式类似于 MySQL 的服务器端登录。

```
mysql  -h192.168.149.128  -ujfedu1 -pjfedu1 -P8066
mysql  -h192.168.149.128  -ujfedu1 -pjfedu1 -P9066
-h      #后面是主机,即当前 MyCAT 安装的主机地址
-u      #MyCAT server.xml 中配置的逻辑库用户
-p      #MyCAT server.xml 中配置的逻辑库密码
-P      #后面是端口,默认为 9066。注意 P 是大写
```

数据端口与管理端口的配置端口修改，数据端口默认为 8066，管理端口默认为 9066，修改需要配置 server.xml，加入如下代码，将数据库端口改成 3306。

```
<property name="serverPort">3306</property> <property name="managerPort">
```

```
9066</property>
```

9066 管理端口登录后，执行 show @@help 命令可以查看到所有命令，如图 5-10 所示。

```
mysql> show @@help;
+----------------------------------------+-------------------------------------------+
| STATEMENT                              | DESCRIPTION                               |
+----------------------------------------+-------------------------------------------+
| show @@time.current                    | Report current timestamp                  |
| show @@time.startup                    | Report startup timestamp                  |
| show @@version                         | Report Mycat Server version               |
| show @@server                          | Report server status                      |
| show @@threadpool                      | Report threadPool status                  |
| show @@database                        | Report databases                          |
| show @@datanode                        | Report dataNodes                          |
| show @@datanode where schema = ?       | Report dataNodes                          |
| show @@datasource                      | Report dataSources                        |
| show @@datasource where dataNode = ?   | Report dataSources                        |
| show @@datasource.synstatus            | Report datasource data synchronous        |
| show @@datasource.syndetail where name=?| Report datasource data synchronous detail|
| show @@datasource.cluster              | Report datasource galary cluster variables|
| show @@processor                       | Report processor status                   |
| show @@command                         | Report commands status                    |
| show @@connection                      | Report connection status                  |
| show @@cache                           | Report system cache usage                 |
| show @@backend                         | Report backend connection status          |
| show @@session                         | Report front session details              |
| show @@connection.sql                  | Report connection sql                     |
| show @@sql.execute                     | Report execute status                     |
| show @@sql.detail where id = ?         | Report execute detail status              |
| show @@sql                             | Report SQL list                           |
```

图 5-10　MyCAT 命令列表

常见管理命令如下。

（1）查看 MyCAT 版本，命令如下：

```
show @@version;
```

（2）查看当前的库，命令如下：

```
show @@database;
```

（3）查看 MyCAT 数据节点的列表，命令如下：

```
show @@datanode;
```

其中，NAME 表示数据节点（dataNode）的名称；dataHost 表示对应 dataHost 属性的值，即数据主机；ACTIVE 表示活跃连接数；IDLE 表示闲置连接数；SIZE 对应总连接数量。

（4）查看心跳报告，命令如下：

```
show @@heartbeat;
```

（5）查看 MyCAT 的前端连接状态，命令如下：

```
show @@connection\G
```

（6）显示后端连接状态，命令如下：

```
show @@backend\G
```

（7）显示数据源，命令如下：

```
show @@datasource;
```

5.12　MyCAT 状态监控

MyCAT-Web 是基于 MyCAT 的一个性能监控工具，可以更有效地使用 MyCAT 管理 MyCAT 监控 MyCAT，让 MyCAT 工作更加高效。MyCAT-Web 的运行依赖 Zookeeper，需要提前安装 Zookeeper 服务，Zookeeper 作为配置中心。

MyCAT 监控支持有如下特点：

（1）支持对 MyCAT、MySQL 性能监控；

（2）支持对 MyCAT 的 JVM 内存提供监控服务；

（3）支持对线程的监控；

（4）支持对操作系统的 CPU、内存、磁盘、网络的监控。

Zookeeper 安装配置如下：

```
wget http://apache.opencas.org/zookeeper/zookeeper-3.4.6/zookeeper-
3.4.6.tar.gz
tar --xzvf zookeeper-3.4.6.tar.gz -C /usr/local/
cd /usr/local/zookeeper-3.4.6/
cd conf
cp zoo_sample.cfg zoo.cfg
cd /usr/local/zookeeper-3.4.6/bin/
./zkServer.sh start
```

安装配置 MyCAT-Web，代码如下：

```
wget http://dl.mycat.io/mycat-web-1.0/Mycat-web-1.0-SNAPSHOT-20210102
153329-linux.tar.gz
tar -xvf Mycat-web-1.0-SNAPSHOT-20210102153329-linux.tar.gz -C /usr/local/
#修改 Zookeeper 注册中心地址
cd /usr/local/mycat-web/mycat-web/WEB-INF/classes
vim mycat.properties
zookeeper=127.0.0.1:2181
#启动 MyCAT-Web 服务即可
cd /usr/local/mycat-web/
./start.sh &
```

通过浏览器访问，访问地址是 http://192.168.149.128:8082/mycat/。

连接 MyCAT 服务器，填写相应配置和查看其状态，如图 5-11 所示。

（a）MyCAT 配置填写（一）

（b）MyCAT 配置填写（二）

（c）MyCAT 状态展示

图 5-11　连接 MyCAT 服务器

第6章　LNMP 架构企业实战

6.1　LNMP 企业架构简介

随着开源潮流的蓬勃发展，开放源代码的 LNMP 已经与 J2EE 和.Net 商业软件形成三足鼎立之势，且利用该软件开发的项目在软件方面的投资成本较低，因此受到整个 IT 界的关注。LNMP 架构受到大多数中小企业的运维、DBA、程序员的青睐。Nginx 默认只能发布静态网页，而 LNMP 组合可以发布静态+PHP 动态页面。

静态页面通常指不与数据库发生交互的页面，是一种基于 W3C 规范的一种网页书写格式，是一种统一协议语言，所以称之为静态网页。静态页面被设计好之后，一般很少修改，不随着浏览器参数改变而改变内容，需注意的是，动态的图片也属于静态文件。从 SEO 角度来讲，HTML 页面更有利于搜索引擎的爬行和收录。常见的静态页面以.html、.gif、.jpg、.jpeg、.bmp、.png、.ico、.txt、.js、.css 等结尾。

动态页面通常指与数据库发生交互的页面，内容展示丰富，功能非常强大，实用性广。从 SEO 角度来讲，搜索引擎很难全面爬行和收录动态网页，因为动态网页会随着数据库的更新、参数的变更而发生改变，常见的动态页面以.jsp、.php、.do、.asp、.cgi、.apsx 等结尾。

6.2　CGI 与 FastCGI 概念剖析

公共网关接口（Common Gateway Interface，CGI），是 HTTP 服务器与本机或者其他机器上的程序进行通信的一种工具，其程序须运行在网络服务器上。CGI 可以用任何一种语言编写，只要这种语言具有标准输入、输出和环境变量，如 PHP、Perl、TCL 等。

传统 CGI 的主要缺点是性能很差，因为每次 HTTP 服务器遇到动态程序时都需要重新启动脚本解析器来执行解析，然后将结果返回给 HTTP 服务器，这在处理高并发访问时几乎是不可用的。另外，传统的 CGI 的安全性很差，因此现在已经很少使用。

FastCGI 是从 CGI 发展改进而来的，其采用 C/S 结构，可以将 HTTP 服务器和脚本解析服务器分开，同时在脚本解析服务器上启动一个或者多个脚本解析守护进程。当 HTTP 服务器每次遇到动态程序时，可以将其直接交付给 FastCGI 进程来执行，然后将得到的结果返回给浏览器。这种方式可以让 HTTP 服务器专一地处理静态请求或者将动态脚本服务器的结果返回给客户端，这在很大程度上提高了整个应用系统的性能。

FastCGI 是语言无关的、可伸缩架构的 CGI 开放扩展，其将 CGI 解释器进程保持在内存中，以获得较高的性能。FastCGI 是一个协议，PHP-FPM 实现了这个协议，PHP-FPM 的 FastCGI 协议需要有进程池，PHP-FPM 实现的 FastCGI 进程叫 PHP-CGI，所以 PHP-FPM 其实是它自身的 FastCGI 或 PHP-CGI 进程管理器。

6.3　LNMP 架构工作原理

LNMP Web 架构中，Nginx 为一款高性能 Web 服务器，其本身是不能处理 PHP 的，当接收到客户端浏览器发送的 HTTP Request 请求时，Nginx 服务器响应并处理 Web 请求，Nginx 服务器可以直接处理并回应静态资源 CSS、图片、视频、TXT 等静态文件请求。LNMP 概念简介如图 6-1 所示。

图 6-1　LNMP 概念简介

Nginx 不能直接处理 PHP 动态页面请求，Nginx 服务器会将 PHP 网页脚本通过接口传输协议（网关协议）传输给 PHP–FPM（进程管理程序）。

PHP–FPM 调用 PHP 解析器（PHP–CGI）进程，PHP 解析器解析 PHP 脚本信息。之后 PHP 解析器将解析后的脚本返回到 PHP–FPM，PHP–FPM 再通过 FastCGI 的形式将脚本信息传送给 Nginx，如图 6-2 所示。

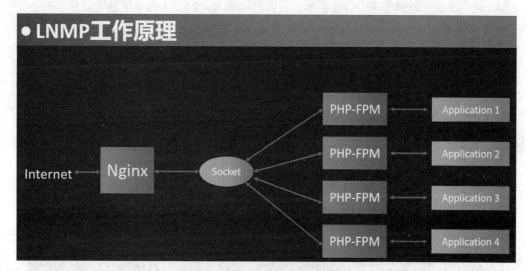

图 6-2　Nginx+FastCGI 通信原理图

PHP–CGI、PHP–FPM 概念总结如下所述。

- PHP–CGI 是解析 PHP 代码的程序，属于 PHP 程序解释器，只负责解析请求，不负责进程管理。
- PHP–FPM 是 PHP–CGI 进程管理器，可以有效控制内存和进程，可以平滑重载 PHP 配置。

6.4　LNMP 架构源码部署企业实战

企业级 LNMP（Nginx+PHP（FastCGI）+MySQL）主流架构配置方法的步骤如下。

（1）Nginx 安装配置。

```
yum install -y wget
wget -c http://nginx.org/download/nginx-1.24.0.tar.gz
tar -xzf nginx-1.24.0.tar.gz
cd nginx-1.24.0
```

```
useradd www
yum install -y gcc pcre-devel zlib-devel
./configure --user=www --group=www --prefix=/usr/local/nginx
--with-http_stub_status_module --with-http_ssl_module
make
make install
```

（2）MySQL 8.x 数据库源码编译安装，需要提前部署 cmake 工具，而且版本要大于 3.5.+，Cmake3 部署可以采用 yum 或者二进制 Tar 包。MySQL 数据库 8.0 源码部署如图 6-3 所示。

图 6-3　MySQL 数据库 8.0 源码部署

如下为 yum 部署方法和指令。

```
#卸载 cmake 软件包；
yum remove cmake -y
#安装 epel-release 扩展源；
yum install epel-release -y
#安装 Cmake3 新版本；
yum install cmake3 -y
#将新版本 Cmake3 链接到 cmake；
ln -s /usr/bin/cmake3 /usr/bin/cmake
```

（3）源码安装 MySQL 8.0.28 方法，通过 cmake、make、make install 三个步骤实现。

```
#下载 MySQL 8.0 版本；
http://mirrors.sohu.com/mysql/MySQL-8.0/mysql-boost-8.0.28.tar.gz
```

```
#安装高版本 GCC 源;
yum -y install centos-release-scl
#安装依赖包和库文件;
yum -y install ncurses-devel make perl gcc autoconf automake zlib libxml2
libxml2-devel libgcrypt libtool bison devtoolset-10-gcc devtoolset-10-gcc-
c++ devtoolset-10-binutils openssl openssl-devel
#启用新版 GCC;
scl enable devtoolset-10 bash
#解压 MySQL 8.x 软件包;
tar xzf mysql-boost-8.0.28.tar.gz
#进入 MySQL 8.x 源代码目录;
cd mysql-8.0.28/
#预编译;
cmake . -DCMAKE_INSTALL_PREFIX=/usr/local/mysql/ \
-DMYSQL_UNIX_ADDR=/tmp/mysql.sock \
-DMYSQL_DATADIR=/data/mysql/ \
-DSYSCONFDIR=/etc \
-DMYSQL_USER-mysql \
-DMYSQL_TCP_PORT=3306 \
-DWITH_XTRADB_STORAGE_ENGINE=1 \
-DWITH_INNOBASE_STORAGE_ENGINE=1 \
-DWITH_PARTITION_STORAGE_ENGINE=1 \
-DWITH_BLACKHOLE_STORAGE_ENGINE=1 \
-DWITH_MYISAM_STORAGE_ENGINE=1 \
-DWITH_READLINE=1 \
-DENABLED_LOCAL_INFILE=1 \
-DWITH_EXTRA_CHARSETS=1 \
-DDEFAULT_CHARSET=utf8 \
-DDEFAULT_COLLATION=utf8_general_ci \
-DEXTRA_CHARSETS=all \
-DWITH_BIG_TABLES=1 \
-DWITH_DEBUG=0 \
-DWITH_BOOST=./boost/ \
-DFORCE_INSOURCE_BUILD=1
#编译;
make -j4
#安装;
make -j4 install
```

```
#初始化 MySQL 数据库;
/usr/local/mysql/bin/mysqld --initialize-insecure --user=mysql --basedir=
/usr/local/mysql/ --datadir=/data/mysql/
#设置 MySQL 为系统服务;
ln -s /usr/local/mysql/bin/* /usr/bin/
\cp support-files/mysql.server /etc/init.d/mysqld
chmod +x /etc/init.d/mysqld
/etc/init.d/mysqld start
#默认源码安装初始化 MySQL 没有密码,直接进入数据库;
mysql
#修改密码规则和长度限制;
set global validate_password.policy=0;
set global validate_password.length=1;
#修改密码为 aaaAAA111.,指令如下;
ALTER USER 'root'@'localhost' IDENTIFIED BY 'aaaAAA111.';
#创建用户&授权 jfedu 用户访问;
create user jfedu@'%' identified by 'aaaAAA111.';
grant all on *.* to jfedu@'%';
#默认 root 用户不能远程登录,需要更新密码信息;
update mysql.user set host='%' where user="root";
ALTER USER 'root'@'%' IDENTIFIED WITH mysql_native_password BY 'aaaAAA111.';
grant system_user on *.* to 'root';
flush privileges;
#修改 root 密码,命令如下;
update user set authentication_string=password("root") where user='root' and
host='localhost';
#MySQL 8.0 之前的版本中加密规则是 mysql_native_password, 而在 MySQL 8 之后,加密规
#则是 caching_sha2_password
#如果使用 Navicat 进行 MySQL 登录时出现弹窗报错,需执行以下指令:
grant system_user on *.* to 'root';
ALTER USER 'root'@'%' IDENTIFIED BY 'aaaAAA111.' PASSWORD EXPIRE NEVER;
ALTER USER 'root'@'%' IDENTIFIED WITH mysql_native_password BY 'aaaAAA111.';
FLUSH PRIVILEGES;
```

（4）根据如上 MySQL 8.x 安装和部署，登录 MySQL 授权或修改 root 密码，通过 Navicat 远程登录，如图 6-4 所示。

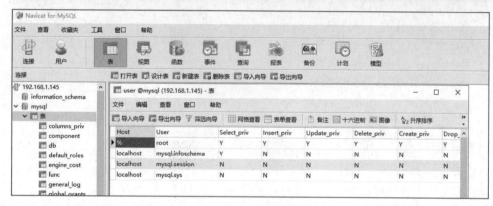

```
[root@localhost ~]# ps -ef|grep -aiE mysql
root     41261     1  0 17:23 pts/0    00:00:00 /bin/sh /usr/local/mysql/bi
--pid-file=/data/mysql/localhost.localdomain.pid
mysql    41346 41261  0 17:23 pts/0    00:00:02 /usr/local/mysql/bin/mysqld
r=/data/mysql --plugin-dir=/usr/local/mysql/lib/plugin --user=mysql --log-e
-file=/data/mysql/localhost.localdomain.pid
root     41403  8810  0 17:24 pts/0    00:00:00 mysql
root     41453  8810  0 17:31 pts/0    00:00:00 grep --color=auto -aiE mysq
[root@localhost ~]#
[root@localhost ~]# mysql -uroot -p123456
mysql: [Warning] Using a password on the command line interface can be inse
Welcome to the MySQL monitor.  Commands end with ; or \g.
Your MySQL connection id is 22
Server version: 8.0.28 Source distribution
```

图 6-4　Navicat 远程登录

（5）PHP 安装配置。

```
yum install libxml2 libxml2-devel gzip bzip2 -y
wget -c https://www.php.net/distributions/php-8.0.30.tar.gz
--no-check-certificate
tar -xzvf php-8.0.30.tar.gz
cd php-8.0.30
./configure --prefix=/usr/local/php --with-config-file-path=/usr/local/
php/etc --enable-mysqlnd --enable-fpm
make
make install
#Config LNMP WEB and Start Server.
cp php.ini-development  /usr/local/php/etc/php.ini
cp /usr/local/php/etc/php-fpm.conf.default /usr/local/php/etc
/php-fpm.conf
\cp /usr/local/php/etc/php-fpm.d/www.conf.default /usr/local/php/etc
/php-fpm.d/www.conf
cp sapi/fpm/init.d.php-fpm /etc/init.d/php-fpm
```

```
chmod o+x /etc/init.d/php-fpm
/etc/init.d/php-fpm start
```

（6）Nginx 文件配置。

```
worker_processes  1;
events {
    worker_connections  1024;
}
http {
    include       mime.types;
    default_type  application/octet-stream;
    sendfile        on;
    keepalive_timeout  65;
    server {
        listen        80;
        server_name  localhost;
        location / {
            root    html;
            fastcgi_pass    127.0.0.1:9000;
            ;fastcgi_pass   unix:/run/php-fpm/www.sock;
            fastcgi_index  index.php;
            fastcgi_param  SCRIPT_FILENAME  $document_root$fastcgi_
script_name;
            include        fastcgi_params;
        }
    }
}
```

（7）测试 LNMP 架构测试，创建 index.php 测试页面，如图 6-5 所示。

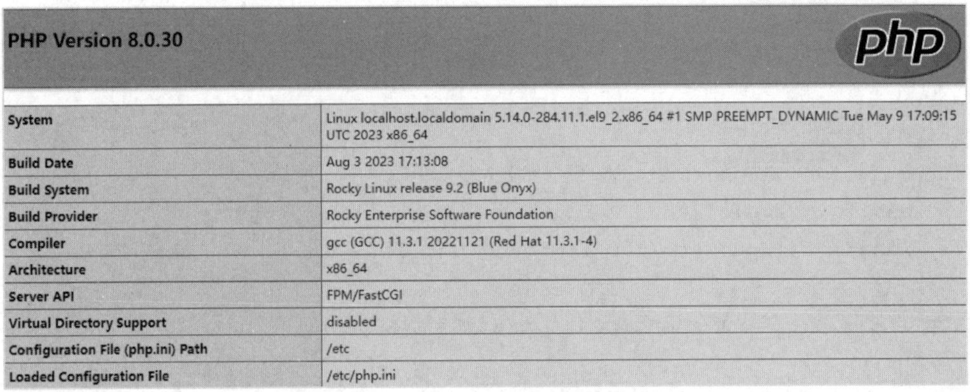

PHP Version 8.0.30	
System	Linux localhost.localdomain 5.14.0-284.11.1.el9_2.x86_64 #1 SMP PREEMPT_DYNAMIC Tue May 9 17:09:15 UTC 2023 x86_64
Build Date	Aug 3 2023 17:13:08
Build System	Rocky Linux release 9.2 (Blue Onyx)
Build Provider	Rocky Enterprise Software Foundation
Compiler	gcc (GCC) 11.3.1 20221121 (Red Hat 11.3.1-4)
Architecture	x86_64
Server API	FPM/FastCGI
Virtual Directory Support	disabled
Configuration File (php.ini) Path	/etc
Loaded Configuration File	/etc/php.ini

图 6-5　LNMP 企业实战测试页面

（8）Discuz PHP 论坛安装。

LNMP 源码整合完毕之后，从 Discuz 官网下载 Discuz 开源 PHP 软件包，将软件包解压并发布在 Apache Htdocs 目录，代码如下：

```
cd  /usr/src;
wget  https://gitee.com/Discuz/DiscuzX/attach_files/1543382/download
unzip download -d  /usr/local/nginx/html/
cd /usr/local/nginx/html/
\mv upload/* .
chmod 757  -R data/ uc_server/ config/ uc_client/
```

通过浏览器访问 Nginx Web IP+80 端口，如图 6-6 所示。

图 6-6　Discuz! 安装界面一

根据提示操作，开始安装数据库（如图 6-7 所示），如果不存在则需要新建数据库并授权。

图 6-7　Discuz! 安装界面二

在 MySQL 数据库命令行中创建 PHP 连接 MySQL 的用户及密码，命令如下：

```
create database discuz;
ALTER USER 'root'@'localhost' IDENTIFIED BY 'aaaAAA111.';
```

根据提示操作，直至安装完成，浏览器自动跳转至如图 6-8 所示的界面。

图 6-8　Discuz！安装界面三

6.5　Redis 入门简介

　　Redis 是一个开源的使用 ANSI　C 语言编写、支持网络、可基于内存也可持久化的日志型、Key-Value 数据库，并提供多种语言的 API。Redis 是一个 Key-Value 存储系统。

　　与 Memcached 缓存类似，Redis 支持存储的 value 类型相对更多，包括 string（字符串）、list（链表）、set（集合）、zset（有序集合）和 hash（哈希类型）。

　　Redis 是一种高级 Key-Value 数据库，与 Memcached 类似，不过 Redis 的数据可以持久化，且支持的数据类型很丰富，有字符串、链表、集合和有序集合。支持在服务器端计算集合的并、交和补集（difference）等，还支持多种排序功能。Redis 也被看成一个数据结构服务器。

Redis 很大程度上补偿了 Memcached 这类 Key-Value 存储的不足，在部分场合可以对关系数据库起到很好的补充作用。Redis 提供了 Java、C/C++、C#、PHP、JavaScript、Perl、Object-C、Python、Ruby、Erlang 等客户端，方便易用，得到 IT 人的青睐。

Redis 支持主从同步，数据可以从主服务器向任意数量的从服务器上同步，从服务器可以是关联其他从服务器的主服务器。这使得 Redis 可执行单层树复制，由于完全实现了发布/订阅机制，使得从数据库在任何地方同步树时，可订阅一个频道并接收主服务器完整的消息发布记录，同步对读取操作的可扩展性和数据冗余很有帮助。

目前使用 Redis 的互联网企业有京东、百度、腾讯、阿里巴巴、新浪、图吧、研修网等。表 6-1 所示为常见数据库简单功能对比。

表 6-1　常见数据库简单功能对比

名　　　称	数据库类型	数据存储选项	操作类型	备　　注
Redis	内存存储，NoSQL数据库	支持字符串、列表、集合、哈希表、有序集合	增、删、修改、更新	支持分布式集群、主从同步及高可用、单线程
Memcached	内存缓存数据库，键值对	键值之间的映射	增、删、修改、更新	支持多线程
MySQL	典型关系数据库，RDBMS	数据库由多表主成，每张表包含多行	增、删、修改、更新	支持ACID性质
PostgreSQL	典型关系数据库，RDBMS	数据库由多表主成，每张表包含多行	增、删、修改、更新	支持ACID性质
MongoDB	硬盘存储，NoSQL数据库	数据库包含多个表	增、删、修改、更新	主从复制，分片，副本集、空间索引

6.6　Redis 配置文件详解

Redis 是一个内存数据库。Redis.conf 常用参数的详解如下，后面章节会继续深入讲解。

```
#daemonize no  Linux Shell 终端运行 Redis,改为 yes 即后台运行 Redis 服务
daemonize yes
#当运行多个 Redis 服务时,需要指定不同的 pid 文件和端口
pidfile /var/run/redis_6379.pid
```

```
#指定 Redis 运行的端口,默认是 6379
port 6379
#在高并发的环境中,为避免慢客户端的连接问题,需要设置一个高速后台日志
tcp-backlog  511
#指定 Redis 只接收来自该 IP 地址的请求,如果不进行设置,那么将处理所有请求
#bind 192.168.1.100 10.0.0.1
#bind 127.0.0.1
#设置客户端连接时的超时时间,单位为 s。如果客户端在这段时间内没有发出任何指令,那么关闭该
#连接
timeout 0
#在 Linux 上,指定值(s, 秒)用于发送 ACKs 的时间。注意关闭连接需要双倍的时间。默认为 0
tcp-keepalive 0
#Redis 总共支持四个日志级别: debug、verbose、notice、warning,默认为 verbose
debug          #记录很多信息,用于开发和测试
varbose        #有用的信息,不像 debug 会记录那么多
notice         #普通的 verbose,常用于生产环境
warning        #只有非常重要或者严重的信息会记录到日志
loglevel notice
#配置 log 文件地址
#默认值为 stdout,标准输出,后台模式下会输出到 /dev/null
logfile /var/log/redis/redis.log
#可用数据库数
#默认值为 16,默认数据库为 0,数据库范围在 0 ~ (database-1)
databases 16
#数据写入磁盘快照设置
#保存数据到磁盘,格式如下
#save <seconds> <changes>
#指出在多长时间内,有多少次更新操作,就将数据同步到 RDB 数据文件
#相当于条件触发抓取快照,这个可以多个条件配合
#比如默认配置文件中的设置,就设置了三个条件
save 900 1      #900s 内至少有 1 个 key 被改变
save 300 10     #300s 内至少有 300 个 key 被改变
save 60 10000   #60s 内至少有 10000 个 key 被改变
#save 900 1
#save 300 10
#save 60 10000
#后台存储错误停止写
stop-writes-on-bgsave-error yes
#存储至本地数据库时(持久化到 RDB 文件)是否压缩数据,默认为 yes
rdbcompression yes
```

```
#本地持久化数据库文件名,默认值为 dump.rdb
dbfilename dump.rdb
#工作目录
#数据库镜像备份的文件放置的路径
#这里的路径跟文件名要分开配置,因为 Redis 在进行备份时,会先将当前数据库的状态写入一
#个临时文件,等备份完成,再把该临时文件替换为上面所指定的文件,而这里的临时文件和上
#面所配置的备份文件都会放在这个指定的路径下
#AOF 文件也会存放在这个目录下
#注意这里必须制定一个目录而不是文件
dir /var/lib/redis/
################################ 复制 ################################
#主从复制,设置该数据库为其他数据库的从数据库
#设置当本机为 Slave 服务器时,设置 Master 服务器的 IP 地址及端口,在 Redis 启动时,它
#会自动从 Master 服务器进行数据同步
slaveof <masterip><masterport>
#当 Master 服务器设置了密码保护时(用 requirepass 制定的密码)
#Slave 服务器连接 Master 服务器的密码
masterauth <master-password>
#当从库同主机失去连接或者复制正在进行,从机库有两种运行方式
#(1) 如果 slave-serve-stale-data 设置为 yes( 默认设置 ),从库会继续响应客户端
#的请求
#(2) 如果 slave-serve-stale-data 设置为 no,INFO 和 SLAVOF 命令之外的任何请求都
#会返回一个错误"SYNC with master in progress"
slave-serve-stale-data yes
#配置 Slave 服务器实例是否接受写。写 Slave 数据对存储短暂数据(在与 Master 服务器数据同
#步后可以很容易地被删除)是有用的,但未配置的情况下,客户端无法写入数据
#从 Redis 2.6 后,默认 Slave 为 read-only(只读)
slaveread-only yes
#从库会按照一个时间间隔向主库发送 PINGs. 可以通过 repl-ping-slave-period 命令设
#置这个时间间隔,默认是 10s
repl-ping-slave-period 10
#repl-timeout 设置主库批量数据传输时间或者 ping 回复时间间隔,默认值是 60s
#一定要确保 repl-timeout 大于 repl-ping-slave-period
repl-timeout 60
#在 slave socket 的 SYNC 后禁用 TCP_NODELAY
#如果选择 yes,Redis 将使用一个较小的数字 TCP 数据包和更少的带宽将数据发送到 Slave
#服务器,但是这可能导致数据发送到 Slave 服务器端会有延迟, 如果是 Linux kernel 的默
#认配置,会达到 40ms
#如果选择 no,则发送数据到 Slave 服务器端的延迟会降低,但将使用更多的带宽用于复制
repl-disable-tcp-nodelay no
```

```
#设置复制的后台日志大小
#复制的后台日志越大,Slave 服务器断开连接及后来可能执行部分复制花的时间就越长
#后台日志在至少有一个 Slave 服务器连接时,仅分配一次
repl-backlog-size 1mb
#在 Master 服务器不再连接 Slave 服务器后,后台日志将被释放。下面的配置定义从最后一个
#Slave 服务器断开连接后需要释放的时间(s)
#0 意味着从不释放后台日志
repl-backlog-ttl 3600
#如果 Master 服务器不能再正常工作,那么会在多个 Slave 服务器中,选择优先值最小的一个
#Slave 服务器提升为 Master 服务器,优先值为 0 表示不能提升为 Master 服务器
#slave-priority 100
#如果少于 N 个 Slave 服务器连接,且延迟时间<=Ms,则 Master 服务器可配置停止接受写操作
#例如需要至少三个 Slave 连接,且延迟≤10s 的配置
min-slaves-to-write 3
min-slaves-max-lag 10
#设置 0 为禁用
#默认 min-slaves-to-write 为 0(禁用), min-slaves-max-lag 为 10
################################## 安全 ##################################
#设置客户端连接后进行任何其他指定前需要使用的密码
#警告:因为 Redis 速度相当快,所以在一台比较好的服务器下,一个外部的用户可以在 1s
#进行 150000 次的密码尝试,这意味着需要指定非常强大的密码防止暴力破解
requirepass jfedu
#命令重命名
#在一个共享环境下可以重命名相对危险的命令。比如把 CONFIG 重名为一个不容易猜测的字符
#举例
rename-command CONFIG b840fc02d524045429941cc15f59e41cb7be6c52
#如果想删除一个命令,直接把它重命名为一个空字符 "" 即可,如下
rename-command CONFIG ""
################################约束################################
#设置同一时间最大客户端连接数,默认无限制
#Redis 可同时打开的客户端连接数为 Redis 进程可以打开的最大文件描述符数
#如果设置 maxclients 0,表示不作限制
#当客户端连接数到达限制时,Redis 会关闭新的连接并向客户端返回 max number of clients
#reached 错误信息
maxclients 10000
#指定 Redis 最大内存限制, Redis 在启动时会把数据加载到内存中,达到最大内存后,
#Redis 会按照清除策略尝试清除已到期的 key
#如果 Redis 依照策略清除后无法提供足够空间,或者策略设置为 noeviction,则使用更多空
#间的命令将会报错,例如 SET、LPUSH 等。但仍然可以进行读取操作
#注意:Redis 新的 vm 机制会把 key 存放进内存,Value 会存放在 swap 区
```

```
#该选项对 LRU 策略很有用
#maxmemory 的设置比较适合于把 Redis 当作类似 memcached 的缓存使用,而不适合当作一个
#真实的数据库
#当把 Redis 当作一个真实的数据库使用时,内存使用将是一个很大的开销
maxmemory <bytes>
#当内存达到最大值的时候 Redis 会选择删除哪些数据? 有五种方式可供选择
#volatile-lru ->  利用 LRU 算法移除设置过期时间的 key (lru,Least RecentlyUsed
#最近使用)
allkeys-lru ->          #利用 LRU 算法移除任何 key
volatile-random ->      #移除设置过期时间的随机 key
allkeys->random ->      #移除一个随机 key
volatile-ttl ->         #移除即将过期的 key(minor TTL)
noeviction ->           #不移除任何 key,只是返回一个写错误
#注意: 对于上面的策略,如果没有合适的 key 可以移除,当写的时候 Redis 会返回一个错误
#默认是:volatile-lru
maxmemory-policy volatile-lru
#LRU 和 minimal TTL 算法都不是精准的算法,但是相对精确的算法(为了节省内存),可
#以选择任意大小样本进行检测
#Redis 默认会选择三个样本进行检测,可以通过 maxmemory-samples 进行设置
maxmemory-samples 3########################## AOF###################
###########
#默认情况下,Redis 会在后台异步的把数据库镜像备份到磁盘,但是该备份是非常耗时的,且
#备份也不能很频繁,如果发生诸如拉闸限电、拔插头等状况,那么将造成比较大范围的数据丢失
#所以 Redis 提供了另外一种更加高效的数据库备份及灾难恢复方式
#开启 append only 模式之后,Redis 会把所接收到的每一次写操作请求都追加到
#appendonly.aof 文件中,当 Redis 重新启动时,会从该文件恢复之前的状态
#但是这样会造成 appendonly.aof 文件过大,所以 Redis 还支持了 BGREWRITEAOF 指令,
#对 appendonly.aof 进行重新整理
#可以同时开启 asynchronous dumps 和  AOF
appendonly  no
#AOF 文件名称(默认为 appendonly.aof)
appendfilename  appendonly.aof
Redis                   #支持三种同步 AOF 文件的策略
no                      #不进行同步,系统操作
always                  #表示每次有写操作都进行同步
everysec                #表示对写操作进行累积,每秒同步一次
#默认是 everysec,按照速度和安全折中这是最好的
#如果想让 Redis 能更高效地运行,也可以设置为 no,让操作系统决定什么时候执行
#如果想让数据更安全,也可以设置为 always
#如果不确定就用 everysec
```

```
appendfsync always
appendfsync everysec
appendfsync no
#AOF 策略设置为 always 或者 everysec 时，后台处理进程(后台保存或者 AOF 日志重写)
#会执行大量的 I/O(输入/输出) 操作
#在某些 Linux 配置中会阻止过长的 fsync() 请求。注意现在没有任何修复，即使 fsync 在
#另外一个线程进行处理
#为了减缓这个问题，可以设置下面这个参数 no-appendfsync-on-rewrite
no-appendfsync-on-rewrite no
#AOF  自动重写
#当 AOF 文件增加到一定大小的时候，Redis 能够调用 BGREWRITEAOF 对日志文件进行重写
#它是这样工作的： Redis 会记住上次重写日志后文件的大小 (如果从开机以来还没进行过
#重写，那日志大小在开机的时候确定)
#同时需要指定一个最小大小用于 AOF 重写，这个用于阻止即使文件很小但是增长幅度很大也会
#重写 AOF 文件的情况
#设置 percentage 为 0 就关闭这个特性
auto-aof-rewrite-percentage 100
auto-aof-rewrite-min-size 64mb
######## # LUA SCRIPTING #########
#一个 Lua 脚本最长的执行时间为 5000ms( 5s)，如果为 0 或负数，表示无限执行时间
lua-time-limit 5000
#############################LOW LOG#############################
#Redis Slow Log  记录超过特定执行时间的命令。执行时间不包括 I/O(输入/输出) 计算，比
#如连接客户端、返回结果等，只是命令执行时间
#可以通过两个参数设置 slow log: 一个是告诉 Redis 执行超过多少时间被记录的参数
#slowlog-log-slower-than(μs)，另一个是 slow log 的长度。当一个新命令被记录的时候，
#最早的命令将被从队列中移除
#下面的时间以 μs 为单位，因此 1000000 代表 1s
#注意指定一个负数将关闭慢日志，设置为 0 将强制每个命令都会记录
slowlog-log-slower-than 10000
#对日志长度没有限制，只是要注意它会消耗内存
#可以通过 slowlog reset 回收被慢日志消耗的内存
#推荐使用默认值 128，当慢日志超过 128 时，最先进入队列的记录会被踢出
slowlog-max-len 128
```

6.7 Redis 常用配置

Redis 缓存服务器命令行中的常用命令如下：

```
#Redis  CONFIG 命令格式如下
redis 127.0.0.1:6379> CONFIG  GET|SET CONFIG_SETTING_NAME
CONFIG  GET *                          #获取 Redis 服务器所有配置信息
CONFIG  SET  loglevel  "notice"        #设置 Redis 服务器日志级别
CONFIG  SET  requirepass  "jfedu"
AUTH  jfedu
redis-cli  -h host  -p  port  -a  password  #远程连接 Redis 数据库
CLIENT GETNAME            #获取连接的名称
CLIENT SETNAME            #设置当前连接的名称
CLUSTER SLOTS            #获取集群节点的映射数组
COMMAND                  #获取 Redis 命令详情数组
COMMAND COUNT            #获取 Redis 命令总数
COMMAND GETKEYS          #获取给定命令的所有键
TIME                    #返回当前服务器时间
CONFIG GET parameter     #获取指定配置参数的值
CONFIG SET parameter value #修改 Redis 配置参数,无须重启
CONFIG RESETSTAT         #重置 INFO 命令中的某些统计数据
DBSIZE                  #返回当前数据库的 key 的数量
DEBUG OBJECT key         #获取 key 的调试信息
DEBUG SEGFAULT          #让 Redis 服务器崩溃
FLUSHALL               #删除所有数据库的所有 key
FLUSHDB                #删除当前数据库的所有 key
ROLE                   #返回主从实例所属的角色
SAVE                   #异步保存数据到硬盘
SHUTDOWN               #异步保存数据到硬盘,并关闭服务器
SLOWLOG                #管理 Redis 的慢日志
SET  keys  values       #设置 key 为 jfedu,值为 123
DEL  jfedu             #删除 key 及值
INFO  CPU             #查看服务器 CPU 占用信息
KEYS  jfedu           #查看是存在 jfedu 的 key
KEYS  *               #查看 Redis 所有的 key
CONFIG REWRITE         #启动 Redis 时所指定的 redis.conf 配置文件进行改写
INFO [section]         #获取 Redis 服务器的各种信息和统计数值
SYNC                  #用于复制功能(replication)的内部命令
SLAVEOF host port      #指定服务器的从属服务器(Slave Server)
MONITOR               #实时打印出 Redis 服务器接收到的命令,调试用
LASTSAVE              #返回最近一次 Redis 成功将数据保存到磁盘上的时间
CLIENT PAUSE timeout   #指定时间内终止运行来自客户端的命令
BGREWRITEAOF          #异步执行一个 AOF(Append Only File)文件重写操作
BGSAVE                #后台异步保存当前数据库的数据到磁盘
```

6.8　Redis 集群主从实战

为了提升 Redis 的可用性，除了备份 Redis dump 数据之外，还需要创建 Redis 主从架构，可以利用从将数据库持久化（把数据保存到磁盘上，保证不会因为断电等因素丢失数据）。

Redis 需要经常将内存中的数据同步到磁盘保证持久化。Redis 支持两种持久化方式，一种是 Snapshotting（快照），也是默认方式；另一种是 Append only file（AOF，替代的持久性方式）。

Redis 主从复制，当用户往 Master 服务器端写入数据时，通过 Redis Sync 机制将数据文件发送至 Slave 服务器，Slave 服务器也会执行相同的操作确保数据一致；且实现 Redis 的主从复制非常简单。同时 Slave 服务器上还可以开启二级 Slave 服务器、三级 Slave 从库，跟 MySQL 的主从类似。

Redis 主从配置非常简单，只需要在 Redis 从库 192.168.149.130 配置中设置如下指令，slaveof 表示指定主库的 IP，192.168.149.129 为 Master 服务器，6379 为 Master 服务器 Redis 端口，配置方法如下。

（1）192.168.149.129 Redis 主库 redis.conf 配置文件如下：

```
daemonize no
pidfile /var/run/redis.pid
port 6379
tcp-backlog 511
timeout 0
tcp-keepalive 0
loglevel notice
logfile ""
databases 16
save 900 1
save 300 10
save 60 10000
stop-writes-on-bgsave-error yes
rdbcompression yes
rdbchecksum yes
dbfilename redis.rdb
dir  /data/redis/
slave-serve-stale-data yes
slave-read-only yes
repl-disable-tcp-nodelay no
```

```
slave-priority 100
appendonly no
appendfilename "appendonly.aof"
appendfsync everysec
no-appendfsync-on-rewrite no
auto-aof-rewrite-percentage 100
auto-aof-rewrite-min-size 64mb
lua-time-limit 5000
slowlog-log-slower-than 10000
slowlog-max-len 128
latency-monitor-threshold 0
notify-keyspace-events ""
hash-max-ziplist-entries 512
hash-max-ziplist-value 64
list-max-ziplist-entries 512
list-max-ziplist-value 64
set-max-intset-entries 512
zset-max-ziplist-entries 128
zset-max-ziplist-value 64
hll-sparse-max-bytes 3000
activerehashing yes
client-output-buffer-limit normal 0 0 0
client-output-buffer-limit slave 256mb 64mb 60
client-output-buffer-limit pubsub 32mb 8mb 60
hz 10
aof-rewrite-incremental-fsync yes
```

（2）192.168.149.130 Redis 从库 redis.conf 配置文件如下：

```
daemonize no
pidfile /var/run/redis.pid
port  6379
slaveof  192.168.149.129  6379
tcp-backlog 511
timeout 0
tcp-keepalive 0
loglevel notice
logfile ""
databases 16
save 900 1
save 300 10
```

```
save 60 10000
stop-writes-on-bgsave-error yes
rdbcompression yes
rdbchecksum yes
dbfilename redis.rdb
dir /data/redis/
slave-serve-stale-data yes
slave-read-only yes
repl-disable-tcp-nodelay no
slave-priority 100
appendonly no
appendfilename "appendonly.aof"
appendfsync everysec
no-appendfsync-on-rewrite no
auto-aof-rewrite-percentage 100
auto-aof-rewrite-min-size 64mb
lua-time-limit 5000
slowlog-log-slower-than 10000
slowlog-max-len 128
latency-monitor-threshold 0
notify-keyspace-events ""
hash-max-ziplist-entries 512
hash-max-ziplist-value 64
list-max-ziplist-entries 512
list-max-ziplist-value 64
set-max-intset-entries 512
zset-max-ziplist-entries 128
zset-max-ziplist-value 64
hll-sparse-max-bytes 3000
activerehashing yes
client-output-buffer-limit normal 0 0 0
client-output-buffer-limit slave 256mb 64mb 60
client-output-buffer-limit pubsub 32mb 8mb 60
hz 10
aof-rewrite-incremental-fsync yes
```

（3）重启 Redis 主库、从库服务，在 Redis 主库创建 key 及 key 值，登录 Redis 从库查看，如图 6-9 所示。

```
[root@www-jfedu-net-129 ~]# redis-cli
redis 127.0.0.1:6379>
redis 127.0.0.1:6379> set jf1  www.jf1.com
OK
redis 127.0.0.1:6379>
redis 127.0.0.1:6379> set jf2  www.jf2.com
OK
redis 127.0.0.1:6379>
redis 127.0.0.1:6379> set jf3  www.jf3.com
OK
redis 127.0.0.1:6379>
redis 127.0.0.1:6379> get jf1
"www.jf1.com"
redis 127.0.0.1:6379>
redis 127.0.0.1:6379> get jf2
"www.jf2.com"
```

（a）Redis 主库创建 key

```
[root@192-168-149-130-jfedu ~]# redis-cli
127.0.0.1:6379>
127.0.0.1:6379>
127.0.0.1:6379> get jf1
"www.jf1.com"
127.0.0.1:6379>
127.0.0.1:6379> get jf2
"www.jf2.com"
127.0.0.1:6379>
127.0.0.1:6379>
127.0.0.1:6379> get jf3
"www.jf3.com"
127.0.0.1:6379>
```

（b）Redis 从库获取 key 值

图 6-9　Redis 创建 key 及 key 值

6.9　Redis 数据备份与恢复

Redis 所有数据都保存在内存中，Redis 数据备份可以定期通过异步方式保存到磁盘上，该方式称为半持久化模式；如果每一次数据变化都写入 AOF，则称为全持久化模式。还可以基于 Redis 主从复制实现 Redis 备份与恢复。

6.9.1　半持久化 RDB 模式

半持久化 RDB 模式（快照模式）也是 Redis 备份默认方式，是通过快照完成的，当符合在 Redis.conf 配置文件中设置的条件时 Redis 会自动将内存中的所有数据进行快照并存储在硬盘上，完成数据备份。

Redis 进行快照的条件由用户在配置文件中自定义，由两个参数构成：时间和改动的键的个数。当在指定的时间内被更改的键的个数大于指定的数值时就会进行快照。在配置文件中已经预置了 3 个条件：

```
save          900 1              #900s 内有至少 1 个键被更改则进行快照
save          300 10             #300s 内有至少 10 个键被更改则进行快照
save          60  10000          #60s 内有至少 10000 个键被更改则进行快照
```

默认可以存在多个条件，条件之间是"或"的关系，只要满足其中一个条件，就会进行快照。如果想要禁用自动快照，只需要将所有的 save 参数删除即可。Redis 默认会将快照文件存储在 Redis 数据目录，默认文件名为 dump.rdb，可以通过配置 dir 和 dbfilename 两个参数指定快照文件的存储路径和文件名。也可以在 Redis 命令行执行 config get dir 命令获取 Redis 数据保存路径，如图 6-10 所示。

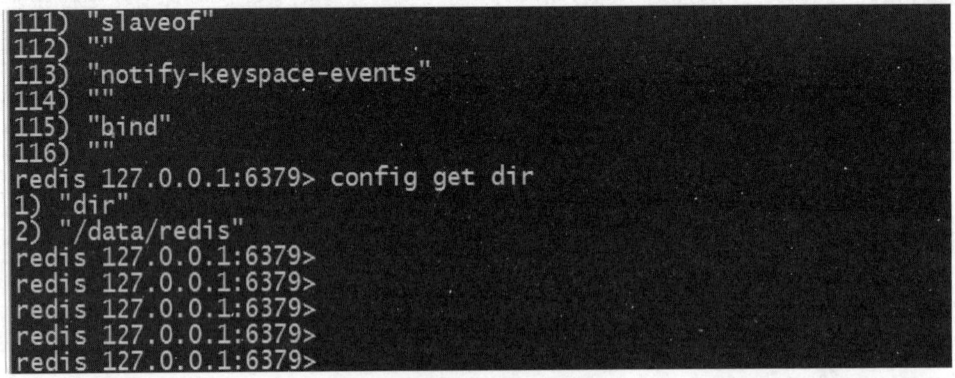

（a）获取 Redis 数据目录

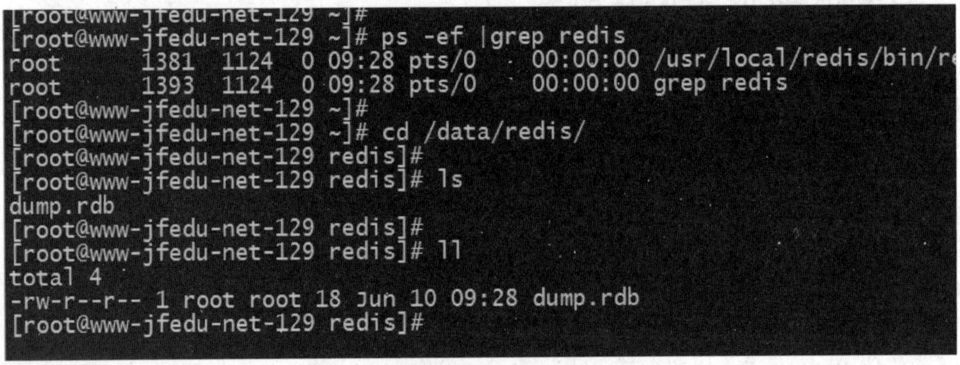

（b）Redis 数据目录及 dump.rdb 文件

图 6-10　Redis 数据目录及 dump.rdb 文件

Redis 实现快照的过程如下：Redis 使用 fork 函数复制一份当前进程（父进程）的副本（子进程），父进程继续接收并处理客户端发来的命令，而子进程开始将内存中的数据写入硬盘中的临时文件，当子进程写入完所有数据后会用该临时文件替换旧的 RDB 文件，至此一次快照操作完成。

执行 fork 函数时操作系统会使用写时复制（copy-on-write）策略，即 fork 函数发生的一刻父子进程共享同一内存数据，当父进程要更改其中某些数据时，操作系统会将该部分数据复制一份以保证子进程的数据不受影响，所以新的 RDB 文件存储的是执行 fork 函数一刻的内存数据。

Redis 在进行快照的过程中不会修改 RDB 文件，只有快照结束后才会将旧的文件替换成新的，也就是说任何时候 RDB 文件都是完整的。这使得用户可以通过定时备份 RDB 文件实现 Redis 数据库备份。

RDB 文件是经过压缩（可以配置 rdbcompression 参数以禁用压缩节省 CPU 占用）的二进制格式，所以占用的空间会小于内存中的数据大小，更加利于传输。除了自动快照，还可以手动发送 savc 和 bgsave 命令让 Redis 执行快照，两个命令的区别在于，前者是由主进程进行快照操作，会阻塞住其他请求，后者会通过创建子进程进行快照操作。

Redis 启动后会读取 RDB 快照文件，将数据从硬盘载入内存，根据数据量大小与结构和服务器性能不同，通常将一个记录 10000000 个字符串、大小为 1GB 的快照文件载入内存需花费 20～30s。

通过 RDB 方式实现持久化，一旦 Redis 异常退出，就会丢失最后一次快照以后更改的所有数据。此时需要开发者根据具体的应用场合，通过组合设置自动快照条件的方式将可能发生的数据损失控制在能够接受的范围。

6.9.2　全持久化 AOF 模式

如果数据很重要，无法承受任何损失，可以考虑使用 AOF 方式进行持久化。默认 Redis 没有开启 AOF 方式的全持久化模式。

在启动时，Redis 会逐个执行 AOF 文件中的命令将硬盘中的数据载入内存，载入的速度较 RDB 慢一些。开启 AOF 持久化后，每执行一条会更改 Redis 中的数据的命令，Redis 就会将该命令写入硬盘中的 AOF 文件。AOF 文件的保存位置和 RDB 文件的位置相同，都是通过 dir 参数设置的，默认的文件名是 appendonly.aof，可以通过 appendfilename 参数修改该名称。

Redis 允许同时开启 AOF 和 RDB，既保证了数据安全又使得进行备份等操作十分容易。此时重新启动 Redis 后，Redis 会使用 AOF 文件恢复数据，因为 AOF 方式的持久化可能丢失的数据更少。可以在 redis.conf 中通过 appendonly 参数开启 Redis AOF 全持久化模式。

```
appendonly  yes
appendfilename appendonly.aof
auto-aof-rewrite-percentage 100
auto-aof-rewrite-min-size 64mb
appendfsync always
#appendfsync everysec
#appendfsync no
```

Redis AOF 持久化参数配置详解如下：

```
appendonly  yes                          #开启 AOF 持久化功能
appendfilename appendonly.aof            #AOF 持久化保存文件名
appendfsync always                       #每次执行写入都会执行同步,最安全也最慢
#appendfsync everysec                    #每秒执行一次同步操作
#appendfsync no                          #不主动进行同步操作,而是完全交由操作系统来
                                         #做,每 30s 一次,最快也最不安全
auto-aof-rewrite-percentage 100          #当 AOF 文件大小超过上一次重写时的 AOF 文件大
                                         #小的百分之多少时会再次进行重写,如果之前没有
                                         #重写过,则以启动时的 AOF 文件大小为依据
auto-aof-rewrite-min-size      64mb      #允许重写的最小 AOF 文件大小配置写入 AOF 文件
                                         #后,要求系统刷新硬盘缓存的机制
```

6.9.3 Redis 主从复制备份

通过持久化功能，Redis 保证了即使在服务器重启的情况下也不会损失（或少量损失）数据。但是由于数据是存储在一台服务器上的，如果这台服务器的硬盘出现故障，也会导致数据丢失。

为了避免单点故障，我们希望将数据库复制多个副本以部署在不同的服务器上，即使一台服务器出现故障其他服务器依然可以继续提供服务，这就要求当一台服务器上的数据库更新后，可以自动将更新的数据同步到其他服务器上。Redis 提供了复制功能，可以自动实现同步的过程。通过配置文件在 Redis 从数据库中配置文件中加入 slave of master-ip master-port 即可，主数据库无须配置。

利用 Redis 主从复制，Web 应用程序可以基于主从同步实现读写分离，以提高服务器的负载能力。在常见的场景中，读的频率一般比较大，当单机 Redis 无法应付大量的读请求时，可以通过复制功能建立多个从数据库，主数据库只进行写操作，而从数据库负责读操作，还可以基于 LVS+keepalived+Redis 对 Redis 实现均和高可用。

从数据库持久化通常相对比较耗时，为了提高性能，可以通过复制功能建立一个（或若干个）从数据库，并在从数据库中启用持久化，同时在主数据库禁用持久化。

当从数据库崩溃并重启后主数据库会自动将数据同步过来，所以无须担心数据丢失。而当主数据库崩溃时，在从数据库中使用 slaveof no one 命令将从数据库提升成主数据库继续服务，并在原来的主数据库启动后使用 slave　of 命令将其设置成新的主数据库的从数据库，即可将数据同步回来。

6.10　CentOS 7 Redis Cluster 集群实战

1. Redis Cluster概念剖析

Redis 3.0 版本之前，可以通过 Redis Sentinel（哨兵）实现高可用（HA），从 3.0 版本之后，官方推出了 Redis Cluster，它的主要用途是实现数据分片（Data Sharding），不过同样可以实现 HA，是官方当前推荐的方案。

在 Redis Sentinel 模式中，每个节点需要保存全量数据，冗余比较多，而在 Redis Cluster 模式中，每个分片只需要保存一部分数据。对于内存数据库来说，还是要尽量减少冗余，在数据量太大的情况下，故障恢复需要较长时间，另外，内存实在是太贵了。

Redis Cluster 采用了 Hash 槽的概念，集群会预先分配 16384 个槽，并将这些槽分配给具体的服务节点，通过对 key 进行 CRC16(key)%16384 运算确定对应的槽，从而将读写操作转发到该槽所对应的服务节点。

当有新的节点加入或者移除时，再迁移这些槽以及其对应的数据。在这种设计之下，就可以很方便地进行动态扩容或缩容。笔者也比较倾向于这种集群模式。Redis Cluster 结构如图 6-11 所示。

Redis Cluster 模式需要 Redis 3.0 以上的版本支持。

2. Redis-Cluster环境准备

至少准备 2 台服务器，每台服务器上部署 3 个实例，一共 2 台服务器 6 个实例。生产环境中建议在 6 台服务器上都搭建，并尽量保证每个 Master 服务器都跟自己的 Slave 服务器不在同一台服务器上。

```
10.10.10.140 7000 7001 7002
10.10.10.141 7000 7001 7002
```

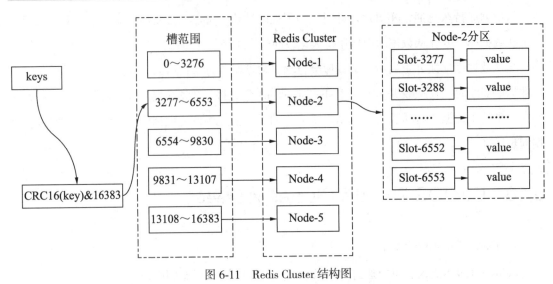

图 6-11　Redis Cluster 结构图

（1）2 台服务器均使用 YUM 安装 Redis 相关软件包，代码如下，如图 6-12 所示。

```
yum install redis redis-trib -y
yum -y install ruby ruby-devel rubygems rpm-build
```

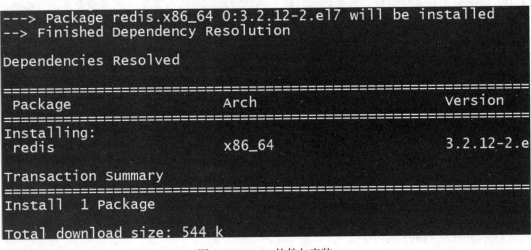

图 6-12　Redis 软件包安装

（2）安装完成，每台服务器各创建三个目录，分别为数据目录、Pid、Log 目录，配置三个实例配置文件。

```
rm -rf /var/lib/redis/ /var/log/redis/* /var/run/redis*
mkdir -p /var/lib/redis/{7000..7002}
touch /var/log/redis/redis_{7000..7002}.log
touch /var/run/redis_{7000..7002}.pid
```

（3）redis_7000.conf 配置文件内容如下：

```
bind 0.0.0.0
protected-mode yes
port 7000
tcp-backlog 511
timeout 0
tcp-keepalive 300
daemonize yes
supervised no
pidfile /var/run/redis_7000.pid
loglevel notice
logfile /var/log/redis/redis_7000.log
databases 16
save 900 1
save 300 10
save 60 10000
stop-writes-on-bgsave-error yes
rdbcompression yes
rdbchecksum yes
dbfilename dump.rdb
dir /var/lib/redis/7000
slave-serve-stale-data yes
slave-read-only yes
repl-diskless-sync no
repl-diskless-sync-delay 5
repl-disable-tcp-nodelay no
slave-priority 100
appendonly no
appendfilename "appendonly.aof"
appendfsync everysec
```

```
no-appendfsync-on-rewrite no
auto-aof-rewrite-percentage 100
auto-aof-rewrite-min-size 64mb
aof-load-truncated yes
lua-time-limit 5000
cluster-enabled yes
cluster-config-file nodes-7000.conf
cluster-node-timeout 15000
cluster-slave-validity-factor 10
cluster-migration-barrier 1
cluster-require-full-coverage yes
slowlog-log-slower-than 10000
slowlog-max-len 128
latency-monitor-threshold 0
notify-keyspace-events ""
hash-max-ziplist-entries 512
hash-max-ziplist-value 64
list-max-ziplist-size -2
list-compress-depth 0
set-max-intset-entries 512
zset-max-ziplist-entries 128
zset-max-ziplist-value 64
hll-sparse-max-bytes 3000
activerehashing yes
client-output-buffer-limit normal 0 0 0
client-output-buffer-limit slave 256mb 64mb 60
client-output-buffer-limit pubsub 32mb 8mb 60
hz 10
aof-rewrite-incremental-fsync yes
```

通过 redis_7000.conf 配置文件生成另外 2 个端口配置文件，命令如下：

```
\cp /etc/redis_7000.conf /etc/redis_7001.conf
\cp /etc/redis_7000.conf /etc/redis_7002.conf
sed -i 's/7000/7001/g' /etc/redis_7001.conf
sed -i 's/7000/7002/g' /etc/redis_7002.conf
```

（4）依次启动 6 个 Redis 实例，命令如下：

```
ps -ef|grep redis|awk '{print $2}'|xargs kill -9
```

```
sleep 3;
/usr/bin/redis-server /etc/redis_7000.conf
/usr/bin/redis-server /etc/redis_7001.conf
/usr/bin/redis-server /etc/redis_7002.conf
ps -ef|grep redis
netstat -tnlp|grep redis
#ps -ef|grep redis|awk '{print $2}'|xargs kill -9
```

3. 创建Redis集群（三主三从）

Redis-trib.rb 是官方提供的 Redis Cluster 的管理工具，无须额外下载，默认位于源码包的 src 目录下，YUM 安装直接产生 redis-trib 命令工具，但因该工具是用 Ruby 开发的，所以需要准备相关的依赖环境。

```
/usr/bin/redis-trib create --replicas 1 10.10.10.140:7000 10.10.10.140:7001
10.10.10.140:7002 10.10.10.141:7000 10.10.10.141:7001 10.10.10.141:7002
```

执行以上命令创建 Redis Cluster 集群，默认是三主三从，会自动选择主库和从库，无须人工指定，接受默认设置即可，如图 6-13 所示。

```
[root@localhost ~]# /usr/bin/redis-trib create --replicas 1 10.
10.10.141:7000 10.10.10.141:7001 10.10.10.141:7002
>>> Creating cluster
>>> Performing hash slots allocation on 6 nodes...
Using 3 masters:
10.10.10.140:7000
10.10.10.141:7000
10.10.10.140:7001
Adding replica 10.10.10.141:7001 to 10.10.10.140:7000
Adding replica 10.10.10.140:7002 to 10.10.10.141:7000
Adding replica 10.10.10.141:7002 to 10.10.10.140:7001
M: aa13dde5e739fb834e5aa11e3ba0493d53c24360 10.10.10.140:7000
   slots:0-5460 (5461 slots) master
M: 301fc4a0d3a5d38343a41dd99cf12a736dec5fb5 10.10.10.140:7001
   slots:10923-16383 (5461 slots) master
```

图 6-13　Redis Cluster 集群创建

4. Redis Cluster验证

查看 Redis Cluster 节点状态，代码如下，如图 6-14 所示。

```
redis-cli -c -h 10.10.10.140 -p 7000
info replication
```

创建 Key-Value，输入以下命令：

```
set web www.jfedu.net
```

登录其他节点，查看是否有刚创建的 Web key 即可，如图 6-15 所示。

```
# Cluster
cluster_enabled:1
10.10.10.140:7000>
10.10.10.140:7000>
10.10.10.140:7000> info replication
# Replication
role:master
connected_slaves:1
slave0:ip=10.10.10.141,port=7001,state=online,offset=127,lag=1
master_repl_offset:127
repl_backlog_active:1
repl_backlog_size:1048576
repl_backlog_first_byte_offset:2
repl_backlog_histlen:126
10.10.10.140:7000>
10.10.10.140:7000>
10.10.10.140:7000>
```

图 6-14　Redis Cluster 集群信息

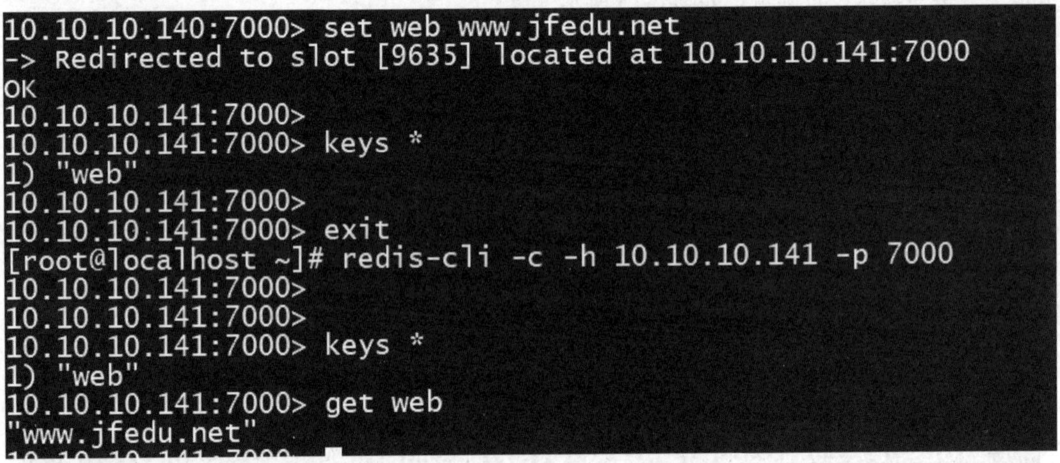

```
10.10.10.140:7000> set web www.jfedu.net
-> Redirected to slot [9635] located at 10.10.10.141:7000
OK
10.10.10.141:7000>
10.10.10.141:7000> keys *
1) "web"
10.10.10.141:7000>
10.10.10.141:7000> exit
[root@localhost ~]# redis-cli -c -h 10.10.10.141 -p 7000
10.10.10.141:7000>
10.10.10.141:7000>
10.10.10.141:7000> keys *
1) "web"
10.10.10.141:7000> get web
"www.jfedu.net"
10.10.10.141:7000>
```

图 6-15　Redis Cluster 集群测试

5. Redis集群注意事项

（1）Redis 集群至少三主三从。

（2）Redis 集群没有使用一致性哈希，而是引入了哈希槽的概念。Redis 集群有 16384 个哈希槽，每个 key 通过 CRC16 校验后对 16384 取模决定放置在哪个槽。集群的每个节点负责一部分哈希槽。如果是三主三从，A 节点崩溃后从节点 A1 就会顶替 A 节点掌管它的哈希槽，如果 A1 崩溃，其哈希槽就会没有节点掌管，集群就会不可用。

（3）写操作会随机到三个主节点上，即使是在从节点上进行的写操作，也会被随机重定向到某个主节点中。

（4）数据是分开存储的，主节点不进行数据的相互同步与复制，数据的复制发生在主节点和其从节点之间。

（5）数据 a 存在节点 A 中，在节点 B 中查找数据 a，Redis 会自动重定向到节点 A 中进行查找。

（6）Redis 并不能保证数据的强一致性。这意味在实际中，集群在特定的条件下可能会丢失写操作。例如，写入 A 节点的数据，A 在同步给从节点 A1 的过程中 A 出现死机，未同步过去的数据就会丢失。

（7）默认主节点 A 死机后从节点 A1 成为 Master，但当 A 重新启用后并不会重新抢占为 Master。

6.11　LNMP 企业架构读写分离

LNMP+Discuz+Redis 缓解了 MySQL 的部分压力，但是如果访问量非常大，Redis 缓存中第一次没有缓存数据，会导致 MySQL 数据库压力增大，此时可以基于分库、分表、分布式集群或者读写分离分担 MySQL 数据库的压力。以读写分离为案例，实现分担 MySQL 数据库的压力。

MySQL 读写分离的原理其实就是让 Master 服务器数据库处理事务性新增、删除、修改、更新操作（create、insert、update、delete），而让 Slave 数据库处理选择（select）操作。MySQL 读写分离前提是基于 MySQL 主从复制，这样可以保证在 Master 服务器上修改数据，Slave 服务器同步之后，Web 应用可以读取到 Slave 服务器端的数据。

实现 MySQL 读写分离可以基于第三方插件，也可以通过开发修改代码实现，实现读写分离的常见方式有如下四种：

（1）MySQL-Proxy 读写分离；

（2）Amoeba 读写分离；

（3）MyCAT 读写分离；

（4）基于程序读写分离（效率很高，实施难度大，开发需改代码）。

Amoeba 是以 MySQL 为底层数据存储，并对 Web、应用提供 MySQL 协议接口的 Proxy（代理服务器）。它集中响应 Web 应用的请求，依据用户事先设置的规则，将 SQL 请求发送到特定的数据库上执行，基于此可以实现负载均衡、读写分离、高可用性等需求。

Amoeba 相当于一个 SQL 请求的路由器，目的是为负载均衡、读写分离、高可用性提供机制，而不是完全实现它们。用户需要结合使用 MySQL 的复制（Replication）等机制来实现副本同步等功能。

MySQL-Proxy 是 MySQL 官方提供的 MySQL 中间件服务，支持无数客户端连接，同时后端可连接若干台 MySQL 服务器。MySQL-Proxy 自身基于 MySQL 协议，连接 MySQL-Proxy 的客户端无须修改任何设置，跟正常连接 MySQL 服务器没有区别，无须修改程序代码。

MySQL-Proxy 是应用（客户端）与 MySQL 服务器之间的一个连接代理，MySQL-Proxy 负责将应用的 SQL 请求根据转发规则转发至相应的后端数据库，基于 Lua 脚本，可以实现复杂的连接控制和过滤，从而实现数据读写分离和负载均衡的需求。

MySQL-Proxy 允许用户指定 Lua 脚本对 SQL 请求进行拦截，对请求进行分析与修改，还允许用户指定 Lua 脚本对服务器的返回结果进行修改，加入或者去除一些结果集，对 SQL 的请求通常为读请求、写请求，基于 Lua 脚本，可以实现将 SQL 读请求转发至后端 Slave 服务器，将 SQL 写请求转发至后端 Master 服务器。

图 6-16 所示为 MySQL-Proxy 读写分离架构图，通过架构图可以清晰地看到 SQL 请求整个流向的过程。

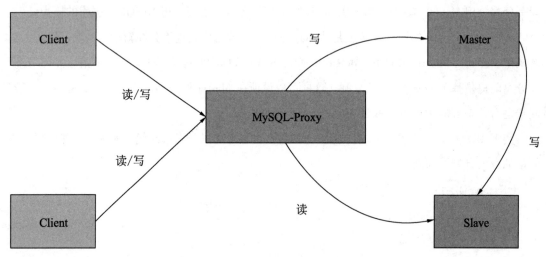

图 6-16　MySQL-Proxy 读写分离架构图

MySQL–Proxy 读写分离架构实战配置如图 6-17 所示，两台 Web 服务器通过 MySQL–Proxy 连接后端 1.14 和 1.15 MySQL 服务器。

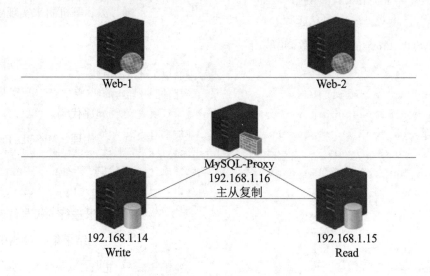

图 6-17　MySQL–Proxy 读写分离架构实战配置

构建 MySQL 读写分离架构首先需要将两台 MySQL 服务器配置为主从复制（前文已存在，此处省略配置），配置完毕后，在 192.168.1.16 服务器上安装 MySQL–Proxy 服务即可，配置步骤如下。

（1）下载 MySQL–Proxy 软件，解压并保存至/usr/local/mysql-proxy，命令如下：

```
useradd -r mysql-proxy
tar -xzvf mysql-proxy-0.8.4-linux-el6-x86-64bit.tar.gz -C /usr/local
mv /usr/local/mysql-proxy-0.8.4-linux-el6-x86-64bit /usr/local/mysql-
proxy
```

（2）在环境变量配置文件/etc/profile 中加入以下代码并保存，退出，然后执行 source/etc/profile 命令使环境变量配置生效即可。

```
export PATH=$PATH:/usr/local/mysql-proxy/bin/
```

（3）启动 MySQL–Proxy 中间件，命令如下：

```
mysql-proxy --daemon --log-level=debug --user=mysql-proxy --keepalive
--log-file=/var/log/mysql-proxy.log --plugins="proxy" --proxy-backend-
addresses="192.168.1.162:3306"
--proxy-read-only-backend-addresses="192.168.1.163:3306"
```

```
--proxy-lua-script="/usr/local/mysql-proxy/share/
doc/mysql-proxy/rw-splitting.lua" --plugins=admin --admin-username=
"admin" --admin-password="admin" --admin-lua-script="/usr/local/mysql-
proxy/lib/mysql-proxy/lua/admin.lua"
```

（4）MySQL-Proxy 的相关参数详解如下：

```
--help-all                                   #获取全部帮助信息
--proxy-address=host:port                    #代理服务监听的地址和端口，默认为 4040
--admin-address=host:port                    #管理模块监听的地址和端口，默认为 4041
--proxy-backend-addresses=host:port          #后端 MySQL 服务器的地址和端口
--proxy-read-only-backend-addresses=host:port #后端只读 MySQL 服务器的地址和端口
--proxy-lua-script=file_name                 #完成 MySQL 代理功能的 Lua 脚本
--daemon                                      #以守护进程模式启动 MySQL-Proxy
--keepalive                                   #在 MySQL-Proxy 崩溃时尝试重启之
--log-file=/path/to/log_file_name            #日志文件名称
--log-level=level                            #日志级别
--log-use-syslog                             #基于 syslog 记录日志
--plugins=plugin                             #在 MySQL-Proxy 启动时加载的插件
--user=user_name                             #运行 MySQL-Proxy 进程的用户
--defaults-file=/path/to/conf_file_name      #默认使用的配置文件路径，其配置段使用
                                             #[mysql-proxy]标识
--proxy-skip-profiling                       #禁用 profile
--pid-file=/path/to/pid_file_name            #进程文件名
```

（5）MySQL-Proxy 启动后，在服务器端查看端口，其中 4040 为 Proxy 代理端口用于 Web 应用连接，4041 为管理端口用于 SA 或者 DBA 管理，如图 6-18 所示。

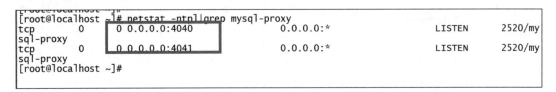

```
[root@localhost ~]# netstat -ntpl|grep mysql-proxy
tcp        0      0 0.0.0.0:4040            0.0.0.0:*               LISTEN      2520/my
sql-proxy
tcp        0      0 0.0.0.0:4041            0.0.0.0:*               LISTEN      2520/my
sql-proxy
[root@localhost ~]#
```

图 6-18   MySQL-Proxy 启动端口

（6）基于 4041 端口 MySQL-Proxy 查看读写分离状态，登录 4041 管理端口，命令如下：

```
mysql -h192.168.1.16 -uadmin -p -P 4041
```

（7）以 4041 管理口登录，然后执行 select 命令，如图 6-19 所示，state（状态）均为 up，type（类型）为 rw、ro，则证明读写分离状态成功。如果状态为 unknown（未知状态），可以 4040

端口登录执行 show　databases；命令，直到状态变成 up 为止。

```
select  *  from  backends;
```

```
mysql> select * from backends;
+-------------+--------------------+-------+------+------+-------------------+
| backend_ndx | address            | state | type | uuid | connected_clients |
+-------------+--------------------+-------+------+------+-------------------+
|           1 | 192.168.1.14:3306  | up    | rw   | NULL |                 4 |
|           2 | 192.168.1.15:3306  | up    | ro   | NULL |                 0 |
+-------------+--------------------+-------+------+------+-------------------+
2 rows in set (0.00 sec)

mysql>
mysql>
```

图 6-19　MySQL–Proxy 读写分离状态

（8）读写分离数据测试，以 3306 端口登录到从库，进行数据写入和测试，在从库上创建 jfedu_test 测试库并写入内容，如图 6-20 所示。

```
mysql> create database jfedu_test;
Query OK, 1 row affected (0.00 sec)

mysql>
mysql>
mysql> use jfedu_test
Database changed
mysql>
mysql> create table t1 (id char(20),name char(20));
Query OK, 0 rows affected (0.04 sec)

mysql>
mysql>
mysql> insert into t1 values (01,'jfedu.net');
Query OK, 1 row affected (0.00 sec)

mysql> insert into t1 values (02,'jfteach.com');
Query OK, 1 row affected (0.00 sec)
```

图 6-20　MySQL–Proxy 读写分离测试

（9）读写分离数据测试，以 4040 代理端口登录，执行如下命令，可以查看到数据即证明读写分离成功。

```
mysql -h192.168.1.16 -uroot -p123456 -P4040 -e "select * from jfedu_
test.t1;"
```

（10）登录 Web 服务器，修改 Discuz PHP 网站发布目录全局配置文件 config_global.php，查找 dbhost 段，将 192.168.1.16 改成 192.168.1.16:40404，如图 6-21 所示。

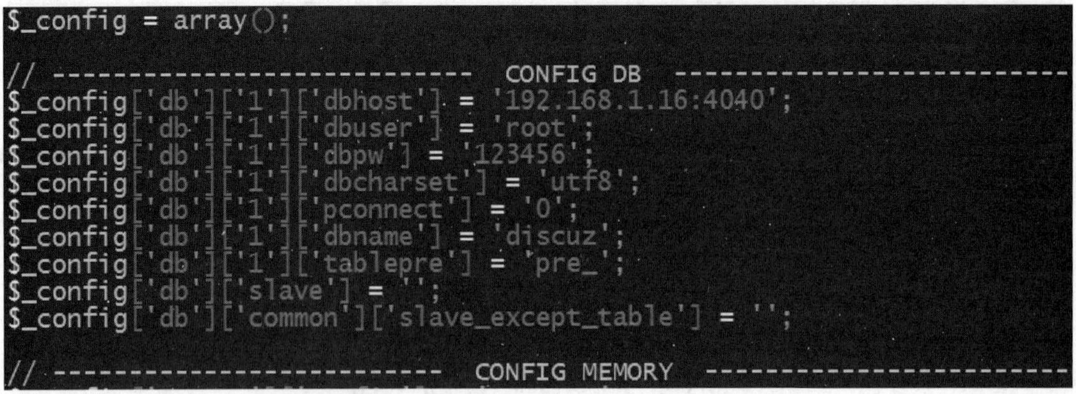

```
$_config = array();

// ------------------------------ CONFIG DB ------------------------------
$_config['db']['1']['dbhost'] = '192.168.1.16:4040';
$_config['db']['1']['dbuser'] = 'root';
$_config['db']['1']['dbpw'] = '123456';
$_config['db']['1']['dbcharset'] = 'utf8';
$_config['db']['1']['pconnect'] = '0';
$_config['db']['1']['dbname'] = 'discuz';
$_config['db']['1']['tablepre'] = 'pre_';
$_config['db']['slave'] = '';
$_config['db']['common']['slave_except_table'] = '';

// ------------------------------ CONFIG MEMORY ------------------------------
```

图 6-21　MySQL-Proxy 读写分离测试

第 7 章　Zabbix 分布式监控企业实战

企业服务器对用户提供服务，作为运维工程师最重要的工作就是保证该网站正常、稳定地运行，需要实时监控网站、服务器的运行状态，出现故障及时处理。

监控网站无须时刻人工访问 Web 网站或登录服务器检查，可以借助开源监控软件（如 Zabbix、Cacti、Nagios、Ganglia 等）实现对网站 7×24h 的监控，并且做到有故障及时报警通知 SA（系统管理员）解决。

本章介绍企业级分布式监控 Zabbix 入门、Zabbix 监控原理、最新版本 Zabbix 安装实战、Zabbix 批量监控客户端、监控 MySQL、Web 关键词及微信报警等。

7.1　Zabbix 监控系统入门简介

Zabbix 是一个基于 Web 界面的提供分布式系统监控的企业级的开源解决方案。Zabbix 能监视各种网络参数，保证服务器系统安全稳定地运行，并提供灵活的通知机制以让 SA（系统管理员）快速定位并解决存在的各种问题。Zabbix 分布式监控系统的优点如下：

（1）支持自动发现服务器和网络设备；

（2）支持底层自动发现；

（3）分布式的监控体系和集中式的 Web 管理；

（4）支持主动监控和被动监控模式；

（5）服务器端支持 Linux、Solaris、HP-UX、AIX、FreeBSD、OpenBSD、MAC 等多种操作系统；

（6）Agent 客户端支持 Linux、Solaris、HP-UX、AIX、FreeBSD、Windows 等多种操作系统；

（7）基于 SNMP、IPMI 接口方式、Agent 方式；

（8）安全的用户认证及权限配置；

（9）基于 Web 的管理方法，支持自由的自定义事件和邮件、短信发送；

（10）高水平的业务视图监控资源，支持日志审计、资产管理等功能；

（11）支持高水平 API 二次开发、脚本监控、Key 自定义、自动化运维整合调用。

7.2 Zabbix 监控组件及流程

Zabbix 监控组件如图 7-1 所示，主要包括 Zabbix Server（服务器端）、Zabbix Proxy（代理服务器）、Agent（客户端）、Zabbix Web、Zabbix Database（数据库）。

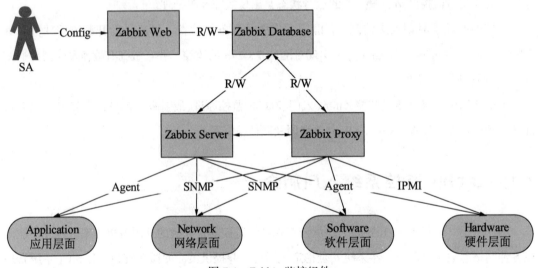

图 7-1 Zabbix 监控组件

Zabbix 监控流程如图 7-2 所示。

Zabbix 监控完整流程包括：Agent 安装在被监控的主机上，负责定期收集客户端本地各项数据，并发送到 Zabbix Server，Zabbix Server 收到数据，将数据存储到 Zabbix Database 中，用户基于 Zabbix Web 可以看到数据在前端展现的图像。

当 Zabbix 监控某个具体的项目时，该项目会设置一个触发器阀值，当被监控的指标超过该触发器设定的阀值时，会进行一些必要的动作，包括邮件、微信报警或者执行命令等操作。如下为 Zabbix 完整监控系统各部分负责的工作。

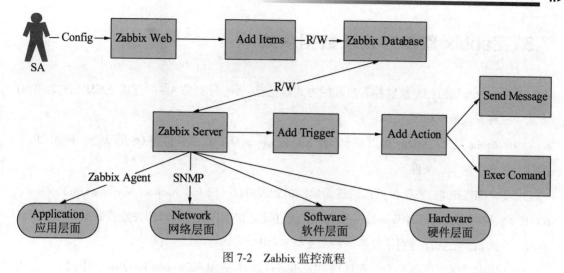

图 7-2　Zabbix 监控流程

（1）Zabbix Server：负责接收 Agent 发送的报告信息的核心组件，所有配置、数据统计及数据操作均由其组织进行。

（2）Zabbix Database：专用于存储所有配置信息，以及存储由 Zabbix 收集到的数据。

（3）Zabbix Web：Zabbix 的 GUI 接口，通常与 Server 运行在同一台主机上。

（4）Zabbix Proxy：常用于分布监控环境中，代理 Server 收集部分被监控端的监控数据并统一发往 Server 端。

（5）Zabbix Agent：部署在被监控主机上，负责收集本地数据并发往 Server 端或 Proxy 端。

Zabbix 监控部署在系统中，包含常见的五个程序：zabbix_server、zabbix_agentd、zabbix_get、zabbix_sender、zabbix_proxy 等。五个程序启动后分别对应五个进程，以下为每个进程的功能。

（1）zabbix_server：Zabbix 服务端守护进程，其中 zabbix_agentd、zabbix_get、zabbix_sender、zabbix_proxy 的数据最终均提交给 zabbix_server。

（2）zabbix_agentd：客户端守护进程，负责收集客户端数据，例如收集 CPU 负载、内存、硬盘使用情况等。

（3）zabbix_get：Zabbix 数据获取工具，单独使用的命令，通常在 Server 或者 Proxy 端执行获取远程客户端信息的命令。

（4）zabbix_sender：Zabbix 数据发送工具，用于发送数据给 Server 或者 Proxy，通常用于耗时比较长的检查。很多检查非常耗时间，导致 Zabbix 超时，故在脚本执行完毕之后，使用 sender 主动提交数据。

（5）zabbix_proxy：Zabbix 分布式代理守护进程，分布式监控架构需要部署 zabbix_proxy。

7.3　Zabbix 监控方式及数据采集

Zabbix 分布式监控系统监控客户端的方式常见有三种，分别是 Agent 方式、SNMP 方式、IPMI 方式。三种方式特点如下。

（1）Agent 方式：Zabbix 可以基于自身 zabbix_agentd 客户端插件监控 OS 的状态，例如 CPU、内存、硬盘、网卡、文件等。

（2）SNMP 方式：Zabbix 可以通过简单网络管理协议（Simple Network Management Protocol，SNMP）监控网络设备或者 Windows 主机等，通过设定 SNMP 的参数将相关监控数据传送至服务器端。交换机、防火墙等网络设备一般都支持 SNMP。

（3）IPMI 方式：智能平台管理接口（Intelligent Platform Management Interface，IPMI）主要用于监控设备的物理特性，包括温度、电压、电扇工作状态、电源供应以及机箱入侵等。IPMI 最大的优势在于无论 OS 在开机还是关机的状态下，只要接通电源就可以实现对服务器的监控。

Zabbix 监控客户端监控模式分为主动模式与被动模式，以客户端为参照，Zabbix 监控客户端默认为被动模式，可以修改为主动模式，只需要在客户端配置文件中添加 StartAgents=0，即可关闭被动模式。主动模式与被动模式区别如下。

（1）Zabbix 主动模式：Zabbix Agent 主动请求 Server 获取主动的监控项列表，并主动将监控项内需要检测的数据提交给 Server/Proxy，Zabbix Agent 首先向 ServerActive 配置的 IP 请求获取 active items，获取并提交 active items 数据值 Server 或者 Proxy。

（2）Zabbix 被动模式：Zabbix Server 向 Zabbix Agent 请求获取监控项的数据，Zabbix Agent 返回数据，Zabbix Server 打开一个 TCP 连接，Zabbix Server 发送请求 agent.ping，Zabbix Agent 接收到请求并且响应，Zabbix Server 处理接收到的数据。

7.4　Zabbix 监控平台概念

Zabbix 监控系统包括很多监控概念，掌握 Zabbix 监控概念有助于快速理解 Zabbix 监控。如下为 Zabbix 监控平台常用术语及解释。

主机（Host）：被监控的网络设备，可以写 IP 或者 DNS。

主机组（Host Group）：用于管理主机，可以批量设置权限。

监控项（Item）：具体监控项，值由独立的 keys（关键字）进行识别。

触发器（Trigger）：为某个监控项设置触发器，达到触发器会执行动作（Action）。

事件（Event）：例如达到某个触发器，称为一个事件。

动作（Action）：对于特定事件事先定义的处理方法，默认可以发送信息及发送命令。

报警升级（Escalation）：发送警报或执行远程命令的自定义方案，如每隔 5min 发送一次警报，共发送 5 次等。

媒介（Media）：发送通知的方式，可以支持 Mail、SMS、Scripts 等。

通知（Notification）：通过设置的媒介向用户发送的有关某事件的信息。

远程命令：达到触发器，可以在被监控端执行命令。

模板（Template）：可以快速监控被监控端，模块包含 item、trigger、graph、screen、application。

Web 场景（Web Scennario）：用于检测 Web 站点可用性，监控 HTTP 关键词。

Web 前端（Frontend）：Zabbix 的 Web 接口。

图形（Graph）：监控图像。

屏幕（Screens）：屏幕显示。

幻灯（Slide Show）：幻灯片形式显示。

7.5　Zabbix 监控平台部署

安装 Zabbix 监控平台有两种方法：一种是使用 YUM 在线安装，另一种是源码编译安装。源码编译安装 Zabbix 的步骤如下。

（1）使用 Zabbix 源码包的方式来编译安装的代码如下：

```
#系统环境
Server 端：192.168.149.128
Agent 端：192.168.149.129
#下载 Zabbix 版本,各个版本之间安装方法相差不大,可以根据实际情况选择安装版本,本书版本
#为 zabbix-6.0.10.tar.gz
wget https://cdn.zabbix.com/zabbix/sources/stable/6.0/zabbix-6.0.10.tar.gz
yum -y install gcc curl curl-devel net-snmp net-snmp-devel perl-DBI
libxml2-devel libevent-devel curl-devel pcre
#创建用户和组;
groupadd zabbix
useradd -g zabbix zabbix
usermod -s /sbin/nologin zabbix
```

（2）zabbix_server 端配置，创建 Zabbix Database，执行授权命令：

```
#创建数据库&密码授权;
create database zabbix character set utf8 collate utf8_bin;
create user zabbix@localhost identified by 'aaaAAA111.';
grant all privileges on zabbix.* to zabbix@localhost;
alter user 'zabbix'@'localhost' identified with mysql_native_password by
'aaaAAA111.';
flush privileges;
```

（3）解压 Zabbix 软件包并将 Zabbix 基础 SQL 文件导入 Zabbix Database：

```
tar   -xzvf  zabbix-6.0.10.tar.gz
cd    zabbix-6.0.10
mysql -uzabbix -paaaAAA111. zabbix <database/mysql/schema.sql
mysql -uzabbix -paaaAAA111. zabbix <database/mysql/images.sql
mysql -uzabbix -paaaAAA111. zabbix < database/mysql/data.sql
```

（4）切换至 Zabbix 解压目录，执行如下代码，安装 zabbix_server：

```
./configure --prefix=/usr/local/zabbix  --enable-server --enable-agent
--with-mysql --enable-ipv6 --with-net-snmp --with-libcurl --with-libxml2
make
make install
ln -s /usr/local/zabbix/sbin/zabbix_*  /usr/local/sbin/
```

（5）zabbix_server 安装完毕，进入 cd /usr/local/zabbix/etc/ 目录，如图 7-3 所示。

```
[root@localhost etc]# ls
zabbix_agent.conf      zabbix_agentd.conf      zabbix_server.conf
zabbix_agent.conf.d    zabbix_agentd.conf.d    zabbix_server.conf.d
[root@localhost etc]# ll
total 24
-rw-r--r-- 1 root root 1601 May 19 21:52 zabbix_agent.conf
drwxr-xr-x 2 root root 4096 May 19 21:52 zabbix_agent.conf.d
-rw-r--r-- 1 root root  111 May 20 23:55 zabbix_agentd.conf
drwxr-xr-x 2 root root 4096 May 19 21:52 zabbix_agentd.conf.d
-rw-r--r-- 1 root root   94 May 20 23:55 zabbix_server.conf
drwxr-xr-x 2 root root 4096 May 19 21:53 zabbix_server.conf.d
[root@localhost etc]# pwd
/usr/local/zabbix/etc
[root@localhost etc]#
```

图 7-3　Zabbix 监控配置目录和文件

（6）备份 zabbix_server 配置文件，代码如下：

```
cp  zabbix_server.conf  zabbix_server.conf.bak
```

（7）将 zabbix_server.conf 配置文件中代码设置如下：

```
LogFile=/tmp/zabbix_server.log
DBHost=localhost
```

```
DBName=zabbix
DBUser=zabbix
DBPassword=aaaAAA111.
```

（8）同时 cp zabbix_server 启动脚本至/etc/init.d/目录，启动 zabbix_server，zabbix_server 默认监听端口为 10051。

```
cd  zabbix-6.0.10
cp  misc/init.d/f                      /zabbix_server
chmod  o+x  /etc/
/etc/init.d/zabb
```

（9）接下来配置 Zab   是基于 PHP 语言开发的，所以需要 PHP 解析环境，此   HP 8.0 版本，代码如下：

```
#安装 PHP 8.x 源（
rpm -ivh https:                         l/epel-release-latest-
7.noarch.rpm
yum install ht                          e/remi-release-7.rpm
#安装 Nginx Web
yum install ng
#卸载 PHP 旧版本
yum remove php
#安装 PHP 8.0 相
yum install y
yum-config-ma
yum install p                           php-embedded php-fpm php-gd
php-mbstring                            php-xml -y
#查看 PHP 版本信
php -v
#启动 php-fpm
systemctl re
#查看 PHP 服务
ps -ef|grep
#复制 Zabbix
\cp -a /usr                             :/html/
```

（10）重新启动   代码如下：

```
/etc/init.d/zabbix_server  restart
/etc/init.d/httpd     restart
/etc/init.d/mysqld    restart
```

（11）Zabbix Web GUI 安装配置。

通过浏览器验证 Zabbix Web，通过浏览器访问 http://192.168.149.128/，如图 7-4 所示。

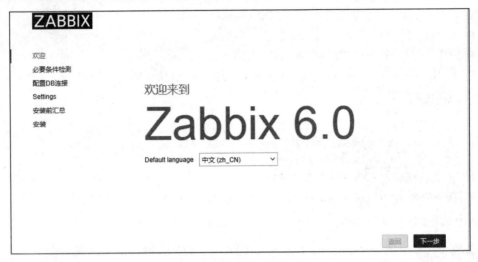

图 7-4　Zabbix Web 安装界面

（12）单击"下一步"，出现如图 7-5 所示的界面，如果有错误提示，需要把错误解决完，方可进行下一步操作。

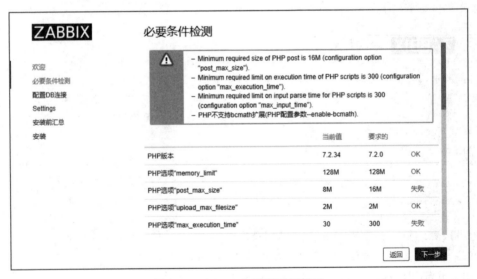

图 7-5　Zabbix Web 安装错误提示

（13）如上异常错误解决方法代码如下，安装缺失的软包，并修改 php.ini 对应参数的值即可。Zabbix Web 测试安装环境如图 7-6 所示。

```
yum install php-mbstring php-bcmath php-gd php-xml -y
yum install gd gd-devel -y
```

```
sed  -i '/post_max_size/s/8/16/g;/max_execution_time/s/30/300/g;/max_
input_time/s/60/300/g;s/\;date.timezone.*/date.timezone \= PRC/g;s/\;
always_populate_raw_post_data/always_populate_raw_post_data/g'  /etc/php.ini
service  php-fpm restart
```

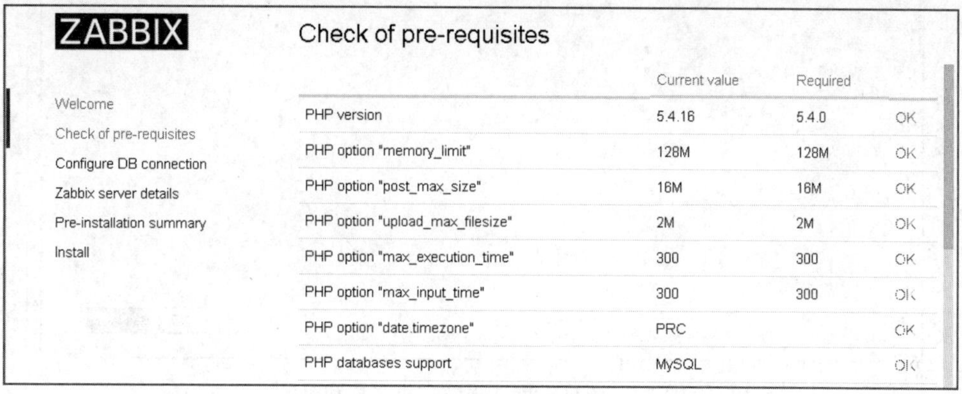

图 7-6　Zabbix Web 测试安装环境

（14）单击"下一步"，如图 7-7 所示，配置数据库连接，如图 7-7 所示，输入数据库名称、用户、密码，单击"下一步"即可。

图 7-7　Zabbix Web 数据库配置

（15）继续单击"下一步"，出现如图 7-8 所示的界面，填写 Zabbix 主机名称，可以为空，也可以输入自定义的名称。

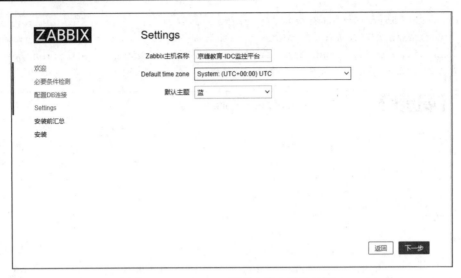

图 7-8　Zabbix Web 设置主机名称和时区

（16）单击"下一步"，如图 7-9 所示，需创建 zabbix.conf.php 文件，执行如下命令，或者单击"下载配置文件"下载 zabbix.conf.php 文件，并将该文件上传至/usr/share/nginx/html/，设置可写权限。或者执行 chmod o+w -R /usr/share/nginx/html/conf/授权，然后刷新 Web 页面，zabbix.conf.php 内容代码如下，最后单击"完成"即可。

```php
<?php
//Zabbix GUI configuration file.
$DB['TYPE']                = 'MySQL';
$DB['SERVER']              = 'localhost';
$DB['PORT']                = '0';
$DB['DATABASE']            = 'zabbix';
$DB['USER']                = 'zabbix';
$DB['PASSWORD']            = 'aaaAAA111.';
//Schema name. Used for PostgreSQL.
$DB['SCHEMA']              = '';
//Used for TLS connection.
$DB['ENCRYPTION']          = false;
$DB['KEY_FILE']            = '';
$DB['CERT_FILE']           = '';
$DB['CA_FILE']             = '';
$DB['VERIFY_HOST']         = false;
$DB['CIPHER_LIST']         = '';
//Vault configuration. Used if database credentials are stored in Vault
//secrets manager.
$DB['VAULT_URL']           = '';
$DB['VAULT_DB_PATH']       = '';
```

```
$DB['VAULT_TOKEN']          = '';
//Use IEEE754 compatible value range for 64-bit Numeric (float) history
//values.
//This option is enabled by default for new Zabbix installations.
//For upgraded installations, please read database upgrade notes before
//enabling this option.
$DB['DOUBLE_IEEE754']     = true;
//Uncomment and set to desired values to override Zabbix hostname/IP and
//port.
//$ZBX_SERVER               = '';
//$ZBX_SERVER_PORT          = '';
$ZBX_SERVER_NAME          = '京峰教育-IDC 监控平台';
$IMAGE_FORMAT_DEFAULT   = IMAGE_FORMAT_PNG;
//Uncomment this block only if you are using Elasticsearch.
//Elasticsearch url (can be string if same url is used for all types).
//$HISTORY['url'] = [
//  'uint' => 'http://localhost:9200',
//  'text' => 'http://localhost:9200'
//];
//Value types stored in Elasticsearch.
//$HISTORY['types'] = ['uint', 'text'];
//Used for SAML authentication.
// Uncomment to override the default paths to SP private key, SP and IdP X.509
certificates, and to set extra settings.
//$SSO['SP_KEY']            = 'conf/certs/sp.key';
//$SSO['SP_CERT']           = 'conf/certs/sp.crt';
//$SSO['IDP_CERT']          = 'conf/certs/idp.crt';
//$SSO['SETTINGS']          = [];
```

图 7-9　Zabbix Web 配置文件测试

（17）登录 Zabbix Web 界面，默认用户名/密码为 Admin/zabbix，如图 7-10 所示。

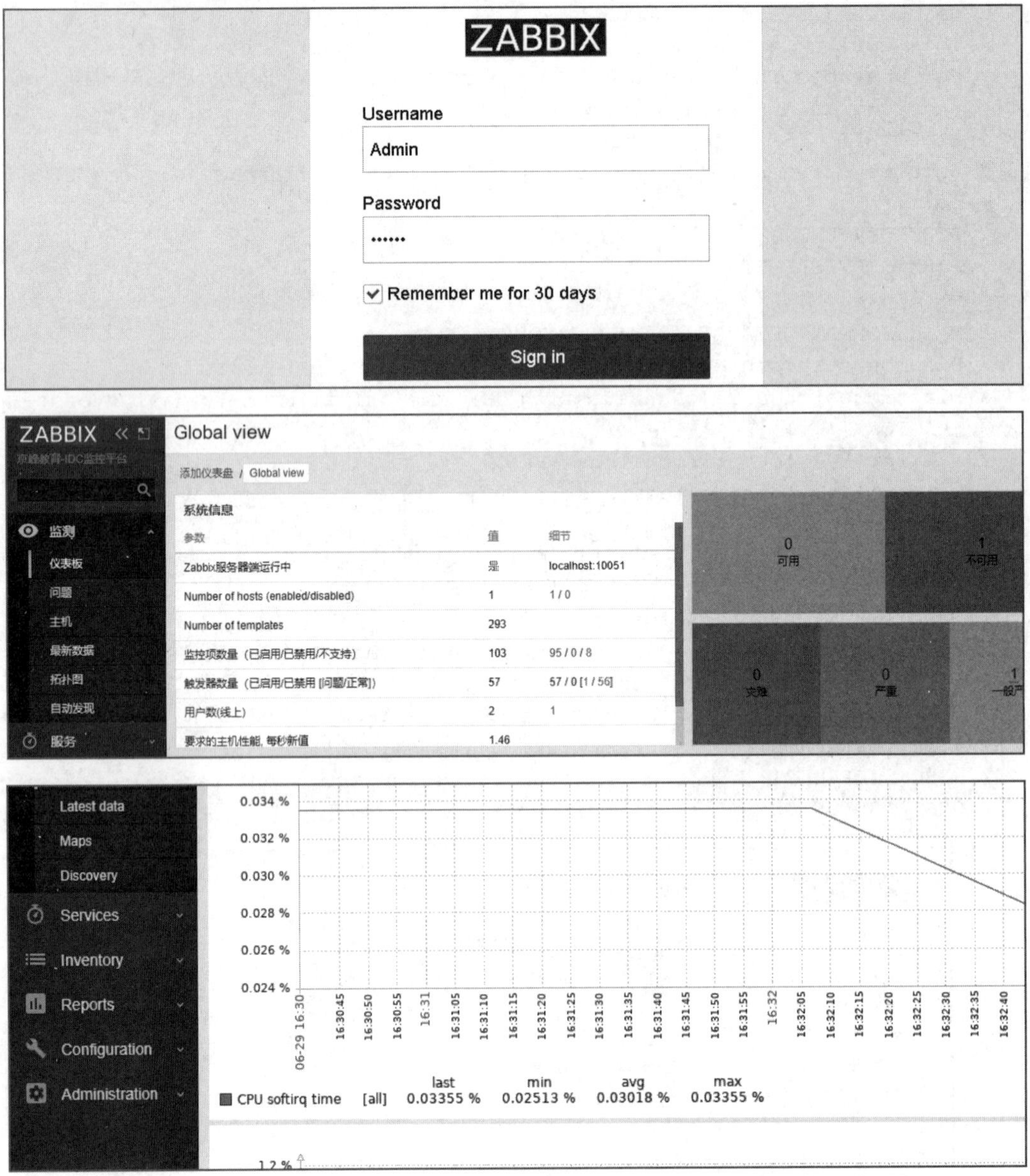

图 7-10　Zabbix Web 登录及后台界面

（18）Zabbix Agent 端安装配置，解压 zabbix-6.0.10.tar.gz 源码文件，切换至解压目录，编译安装 Zabbix，命令如下：

```
./configure --prefix=/usr/local/zabbix/ --enable-agent
```

```
make
make install
ln -s /usr/local/zabbix/sbin/zabbix_* /usr/local/sbin/
```

（19）修改 zabbix_agentd.conf 配置文件，执行如下命令，zabbix_agentd.conf 内容，指定 Server
IP，同时设置本地 Hostname 为本地 IP 地址或者 DNS 名称：CPU、内存、负载、网卡、磁盘、IO、
应用服务、端口、登录用户。

```
LogFile=/tmp/zabbix_agentd.log
Server=192.168.149.128
ServerActive=192.168.149.128
Hostname = 192.168.149.129
```

（20）同时 cp zabbix_agentd 启动脚本至/etc/init.d/目录，启动 zabbix_agentd 服务即可，
zabbix_agentd 默认监听端口为 10050。

```
cd zabbix-6.0.10
cp misc/init.d/tru64/zabbix_agentd /etc/init.d/zabbix_agentd
chmod o+x /etc/init.d/zabbix_agentd
/etc/init.d/zabbix_agentd start
```

（21）Zabbix 服务端和客户端安装完毕之后，需通过 zabbix_server 添加客户端监控，Zabbix
Web 界面添加客户端监控的操作步骤如下，如图 7-11 所示。

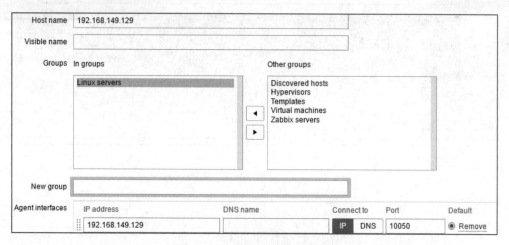

图 7-11　Zabbix 添加客户端监控

Zabbix Web →configuration →hosts →Create host →Host name 和 Agent interfaces，同时选择
添加 templates 模板→选择 Add →勾选 Template OS Linux–选择 Add 提交。此处 Host name 名称
与 Zabbix_agentd.conf 配置文件中 Hostname 保持一致，否则会报错。

（22）将客户端主机链接至"Template OS Linux"，启用模板完成主机默认监控，单击 Add，继续单击 Update 即可，如图 7-12 所示。

图 7-12　Zabbix 为客户端监控添加模板

（23）单击 Zabbix　Web→Monitoring→Graphs→Group→Host→Graph，监控图像如图 7-13 所示。

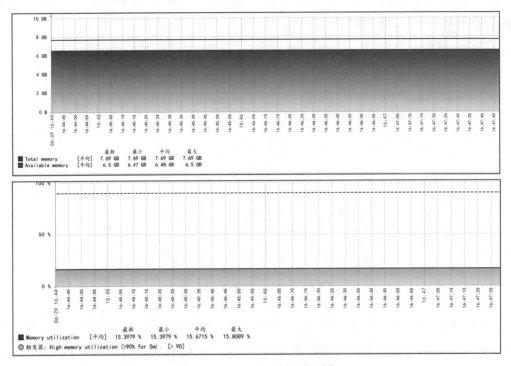

图 7-13　Zabbix 客户端监控图像

（24）如果无法监控到客户端，可以在 zabbix_server 端，执行命令获取 Agent 的 items KEY 值是否有返回，例如 system.uname 为返回客户端的 uname 信息，监测命令如下：

```
/usr/local/zabbix/bin/zabbix_get  -s 192.168.149.130  -k system.uname
```

7.6　Zabbix 配置文件优化实战

Zabbix 监控系统组件分为 Server（服务器）、Proxy（代理服务器）、Agent（客户端），对参数的详细了解有助于深入理解 Zabbix 监控功能及对 Zabbix 进行调优。以下为三个组件常用参数详解。

（1）zabbix_server.conf 配置文件参数详解如下：

```
DBHost                  #数据库主机地址
DBName                  #数据库名称
DBPassword              #数据库密码
DBPort                  #数据库端口,默认为 3306
AlertScriptsPath        #提示脚本存放路径
CacheSize               #存储监控数据的缓存
CacheUpdateFrequency    #更新一次缓存时间
DebugLevel              #日志级别
LogFile                 #日志文件
LogFileSize             #日志文件大小,超过自动切割
LogSlowQueries          #数据库慢查询记录,单位为 ms
PidFile                 #PID 文件
ProxyConfigFrequency    #Proxy 被动模式下,Server 间隔多少秒同步配置文件至 Proxy
ProxyDataFrequency      #被动模式下,Server 间隔多少秒向 Proxy 请求历史数据
StartDiscoverers        #发现规则线程数
Timeout                 #连接 Agent 超时时间
TrendCacheSize          #历史数据缓存大小
User                    #Zabbix 运行的用户
HistoryCacheSize        #历史记录缓存大小
ListenIP                #监听本机的 IP 地址
ListenPort              #监听端口
LoadModule              #模块名称
LoadModulePath          #模块路径
```

（2）zabbix_proxy.conf 配置文件参数详解如下：

```
ProxyMode               #Proxy 工作模式,默认为主动模式,主动发送数据至 Server
Server                  #指定 Server 端地址
```

ServerPort	#Server 端 PORT
Hostname	#Proxy 端主机名
ListenPort	#Proxy 端监听端口
LogFile	#Proxy 代理端日志路径
PidFile	#PID 文件的路径
DBHost	#Proxy 端数据库主机名
DBName	#Proxy 端数据库名称
DBUser	#Proxy 端数据库用户
DBPassword	#Proxy 端数据库密码
DBSocket	#Proxy 数据库 Socket 路径
DBPort	#Proxy 数据库端口号
DataSenderFrequency	#Proxy 向 Server 发送数据的时间间隔
StartPollers	#Proxy 线程池数量
StartDiscoverers	#Proxy 端自动发现主机的线程数量
CacheSize	#内存缓存配置
StartDBSyncers	#同步数据线程数
HistoryCacheSize	#历史数据缓存大小
LogSlowQueries	#慢查询日志记录，单位为 ms
Timeout	#超时时间

（3）zabbix_agentd.conf 配置文件参数详解如下：

EnableRemoteCommands	#运行服务器端远程至客户端执行命令或者脚本
Hostname	#客户端主机名
ListenIP	#监听的 IP 地址
ListenPort	#客户端监听端口
LoadModulePath	#模块路径
LogFile	#日志文件路径
PidFile	#PID 文件名
Server	#指定服务器端 IP 地址
ServerActive	#Zabbix 主动监控服务器端的 IP 地址
StartAgents	#客户端启动进程，如果设置为 0，表示禁用被动监控
Timeout	#超时时间
User	#运行 Zabbix 的用户
UserParameter	#用户自定义 key
BufferSize	#缓冲区大小
DebugLevel	#Zabbix 日志级别

7.7 Zabbix 自动发现及注册

至此，读者应该已经熟练掌握了通过 Zabbix 监控平台监控单台客户端。但企业中可能有成千上万台服务器，如果手动添加会非常耗时间，造成大量的人力成本的浪费，有没有自动化添加客户端的方法呢？

Zabbix 自动发现就是为了解决批量监控而设计的功能之一。什么是自动发现呢？简单来说就是 Zabbix Server 可以基于设定的规则，自动批量发现局域网若干服务器，并自动把服务器添加至 Zabbix 监控平台，省去人工手动频繁的添加，节省大量的人力成本。

Nagios、Cacti 如果要想批量监控，需要手动单个添加设备、分组、项目、图像，也可以使用脚本，但是不能实现自动发现方式添加。

Zabbix 最大的特点之一就是可以利用发现（Discovery）模块，实现自动发现主机、自动将主机添加到主机组、自动加载模板、自动创建项目（Items）、自动创建监控图像。操作步骤如下。

（1）打开 Zabbix 主页，选择 Configuration→Discovery→Create discovery rule 命令，将弹出如图 7-14 所示的对话框。

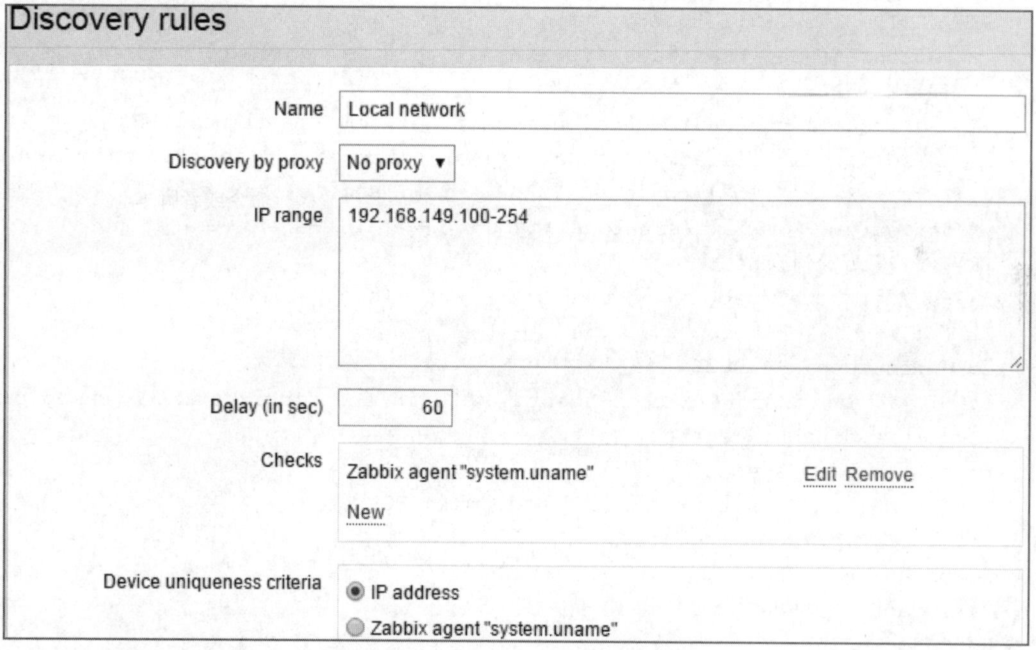

图 7-14　创建客户端发现规则

相关参数含义如下：

```
Name: 规则名称；
Discovery by proxy: 通过代理探索；
IP range: zabbix_server 探索区域的 IP 范围；
```

Delay(in sec)：搜索一次的时间间隔；

Checks：检测方式，如用 ping 方式发现主机，zabbix_server 需安装 fping，此处使用 Agent 方式发现；

Device uniqueness criteria：以 IP 地址作为被发现主机的标识

（2）Zabbix Agent 安装 Agent。

由于发现规则里选择 checks 方式为 Agent，所以需在所有被监控的服务器安装 Zabbix Agent。可以手动安装，也可以使用 Shell 脚本安装。Zabbix Agent 安装脚本如下，脚本运行方法为执行命令 sh auto_install_zabbix.sh。

```
#!/bin/bash
#auto install zabbix
#by jfedu.net 2021
#############
ZABBIX_SOFT="zabbix-4.0.26.tar.gz"
INSTALL_DIR="/usr/local/zabbix/"
SERVER_IP="192.168.149.128"
IP='ifconfig|grep Bcast|awk '{print $2}'|sed 's/addr://g''
AGENT_INSTALL(){
yum -y install curl curl-devel net-snmp net-snmp-devel perl-DBI
groupadd zabbix ;useradd -g zabbix zabbix;usermod -s /sbin/nologin zabbix
tar -xzf $ZABBIX_SOFT;cd 'echo $ZABBIX_SOFT|sed 's/.tar.*//g''
./configure --prefix=/usr/local/zabbix --enable-agent&&make install
if [ $? -eq 0 ];then
ln -s /usr/local/zabbix/sbin/zabbix_* /usr/local/sbin/
fi
cd - ;cd zabbix-4.0.26
cp misc/init.d/tru64/zabbix_agentd /etc/init.d/zabbix_agentd ;chmod o+x
/etc/init.d/zabbix_agentd
#config zabbix agentd
cat >$INSTALL_DIR/etc/zabbix_agentd.conf<<EOF
LogFile=/tmp/zabbix_agentd.log
Server=$SERVER_IP
ServerActive=$SERVER_IP
Hostname = $IP
EOF
#start zabbix agentd
/etc/init.d/zabbix_agentd restart
/etc/init.d/iptables stop
setenforce 0
}
AGENT_INSTALL
```

（3）创建发现 Action。

Zabbix 发现规则创建完毕，客户端 Agent 安装完后，被发现的 IP 对应的主机不会自动添加至 Zabbix 监控列表，需要添加发现动作，添加方法为：

在 Zabbix 主页依次选择 Configuration→Actions→Event source（选择 Discovery）→Create action 命令。

添加规则时，系统默认存在一条发现规则。可以新建规则，也可以编辑默认规则，如图 7-15 所示，编辑默认发现规则，选择 Operations 选项卡设置发现操作，分别设置 Add host、Add to host groups、Link to templates，最后启用规则即可。

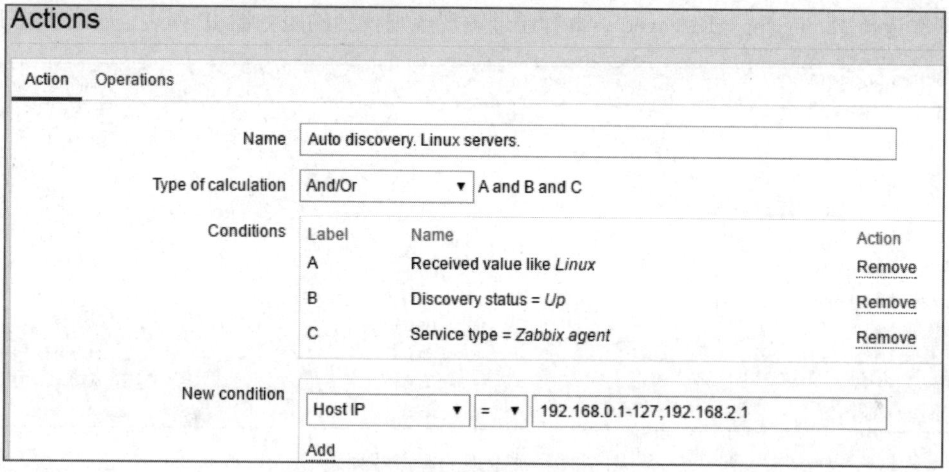

（a）创建客户端发现动作

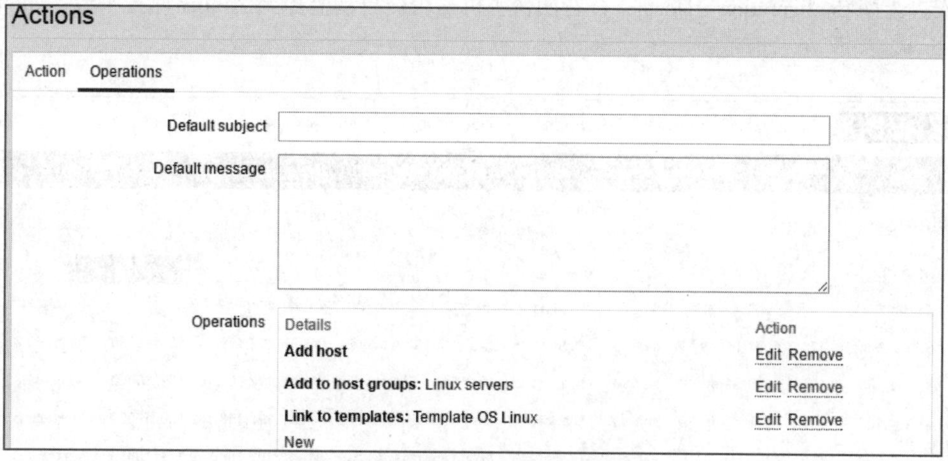

（b）客户端发现自动添加至 Zabbix

图 7-15　创建或编辑默认规则

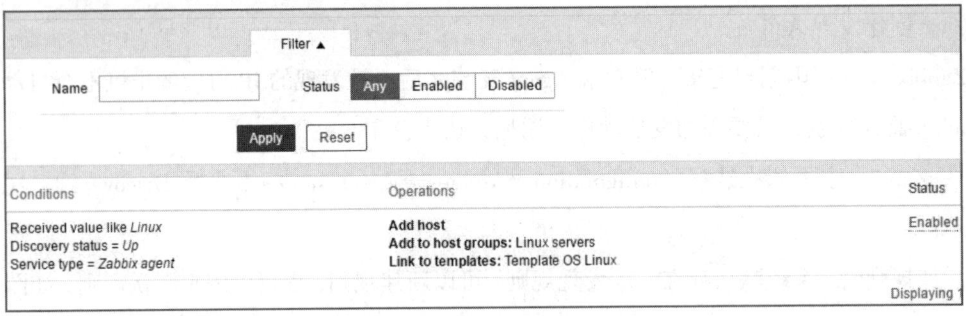
Filter ▲
Name
Status
Any
Enabled
Disabled
Apply
Reset
Conditions
Operations
Status
Received value like Linux
Discovery status = Up
Service type = Zabbix agent
Add host
Add to host groups: Linux servers
Link to templates: Template OS Linux
Enabled
Displaying 1

（c）客户端发现自动添加至 Zabbix

图 7-15 （续）

依次选择 Monitoring→Discovery，查看通过发现规则找到的服务器 IP 列表，如图 7-16 所示。

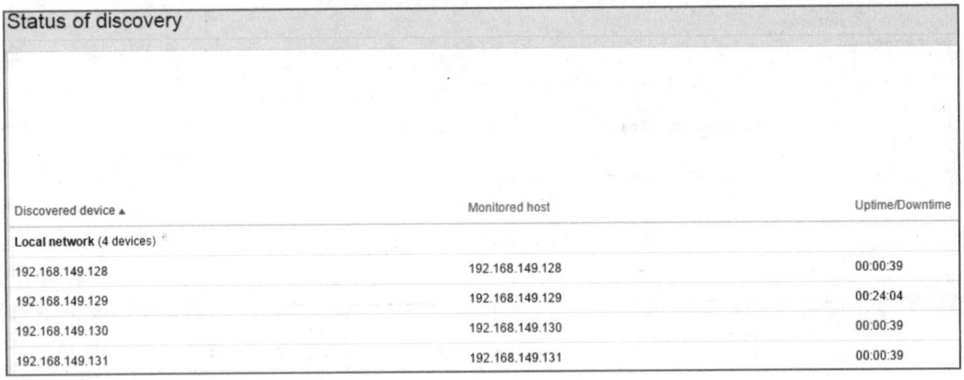
Status of discovery
Discovered device ▲
Monitored host
Uptime/Downtime
Local network (4 devices)
192.168.149.128
192.168.149.128
00:00:39
192.168.149.129
192.168.149.129
00:24:04
192.168.149.130
192.168.149.130
00:00:39
192.168.149.131
192.168.149.131
00:00:39

图 7-16 被发现的客户端列表

依次选择 Configuration→Hosts，查看四台主机是否被自动监控至 Zabbix 监控平台，如图 7-17 所示。

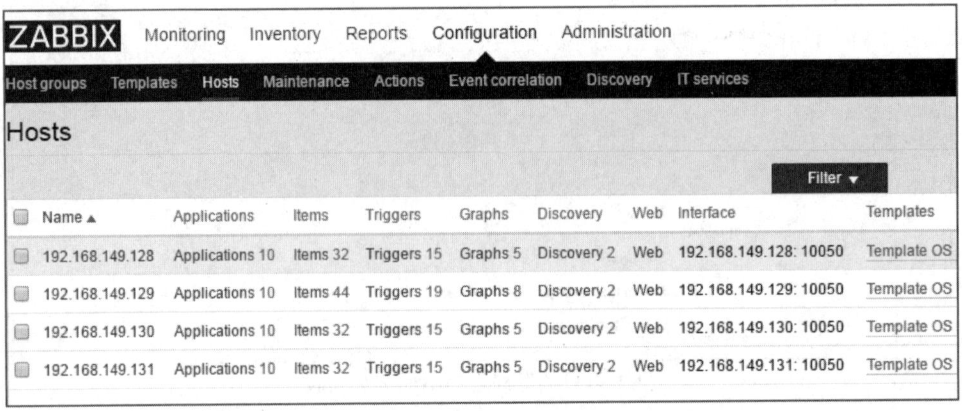
ZABBIX
Monitoring
Inventory
Reports
Configuration
Administration
Host groups
Templates
Hosts
Maintenance
Actions
Event correlation
Discovery
IT services
Hosts
Filter ▼
Name ▲
Applications
Items
Triggers
Graphs
Discovery
Web
Interface
Templates
192.168.149.128 Applications 10 Items 32 Triggers 15 Graphs 5 Discovery 2 Web 192.168.149.128: 10050 Template OS
192.168.149.129 Applications 10 Items 44 Triggers 19 Graphs 8 Discovery 2 Web 192.168.149.129: 10050 Template OS
192.168.149.130 Applications 10 Items 32 Triggers 15 Graphs 5 Discovery 2 Web 192.168.149.130: 10050 Template OS
192.168.149.131 Applications 10 Items 32 Triggers 15 Graphs 5 Discovery 2 Web 192.168.149.131: 10050 Template OS

图 7-17 自动发现的主机被添加至 Hosts 列表

依次选择 Monitoring→Graphs，查看监控图像，如图 7-18 所示，可以选择 Host、Graph 分别查看监控图像。

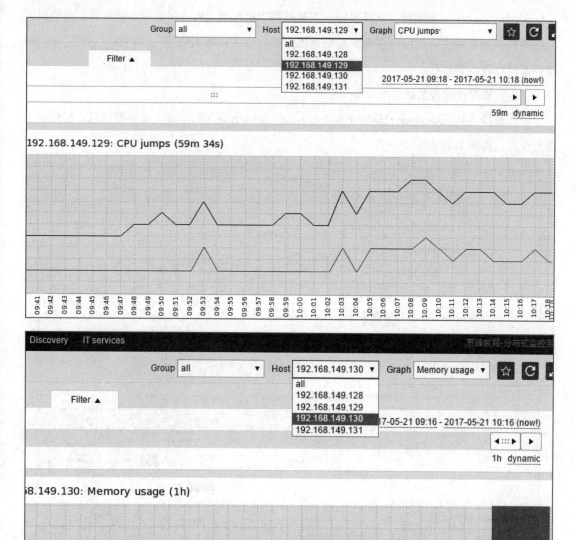

图 7-18　客户端监控图像

7.8　Zabbix 监控邮件报警实战

Zabbix 监控服务端、客户端都已经部署完成，被监控主机已经添加，Zabbix 监控运行正常，通过查看 Zabbix 监控服务器，可以了解服务器的运行状态是否正常，运维人员无须时刻登录 Zabbix 监控平台刷新即可查看服务器的状态。

可以在 Zabbix 服务端设置邮件报警，当被监控主机死机或者达到设定的触发器预设值时，会自动发送报警邮件、微信信息到指定的运维人员，以便运维人员第一时间解决故障。Zabbix 邮件报警设置步骤如下。

（1）设置邮件模板及邮件服务器。

依次选择 Administration→Media types→Create media type，填写邮件服务器信息，根据提示进行设置，如图 7-19 所示。

Name	Email
Type	Email ▾
SMTP server	mail.jfedu.net
SMTP server port	25
SMTP helo	jfedu.net
SMTP email	wgk@jfedu.net
Connection security	None · STARTTLS · SSL/TLS
Authentication	None · Normal password
Username	wgk
Password	·

Media types

Filter ▲

Name [ ]   Status Any Enabled Disabled

Apply   Reset

	Name ▲	Type	Status	Used in actions	Details
☐	Email	Email	Enabled		SMTP server: "mail.jfedu.net", SMTP helo: "jfedu.net", SMTP email: "wgk@jfedu.net"
☐	Jabber	Jabber	Enabled		Jabber identifier: "jabber@company.com"
☐	SMS	SMS	Enabled		GSM modem: "/dev/ttyS0"

图 7-19　Zabbix 邮件报警邮箱设置

（2）配置接收报警的邮箱。

依次选择 Administration→user→Admin (Zabbix Administrator)→user→admin，选择 Media 选项卡，单击 Add 添加发送邮件的类型为 Email，同时指定接收邮箱地址为 wgkgood@163.com，根据

实际需求改成自己的接收人，如图 7-20 所示。

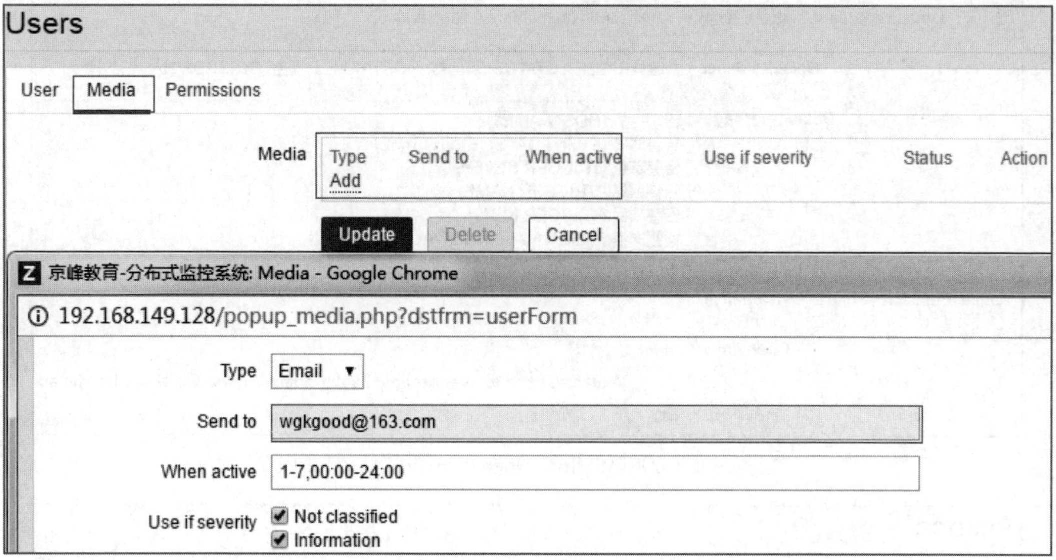

图 7-20　Zabbix 邮件报警添加接收人

（3）添加报警触发器。

打开 Zabbix 主页，选择 Configuration→Actions→Action→Event source→Triggers–Create Action，如图 7-21 所示，分别设置 Action、Operations、Recovery operations 选项卡。

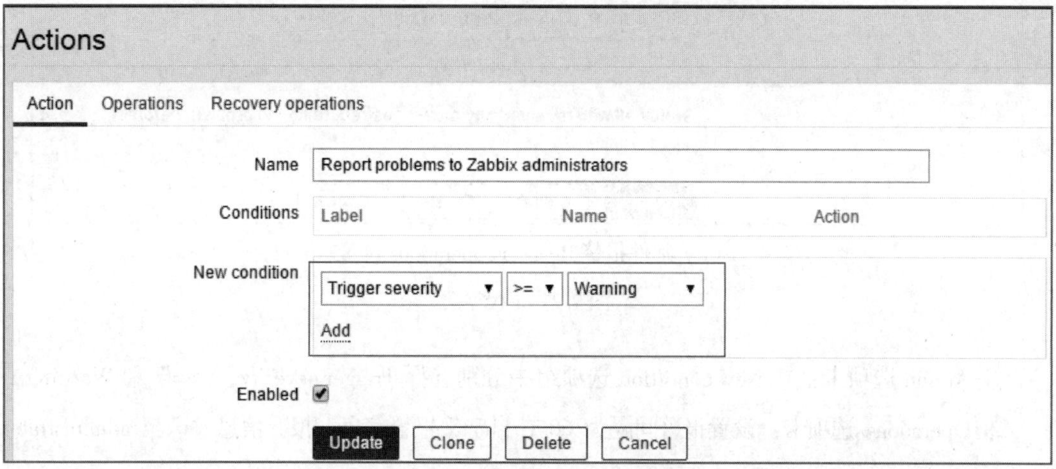

（a）邮件报警 Action 设置

图 7-21　邮箱报警设置

（b）邮件报警 Operations 设置

（c）邮件报警 Recovery operations 设置

图 7-21 （续）

① Action 选项卡：在 New condition 选项组中分别选择 Trigger severity、">="和 Warning。

② Operations 选项卡：设置报警间隔为 60s，自定义报警信息，报警信息发送至 administrators 组。

③ Recovery operations 选项卡：自定义恢复信息，恢复信息发送至 administrators 组。

报警邮件标题可以使用默认信息，也可使用如下中文报警内容：

```
名称: Action-Email
默认标题: 故障{TRIGGER.STATUS},服务器:{HOSTNAME1}发生: {TRIGGER.NAME}故障!
默认信息:
告警主机:{HOSTNAME1}
告警时间:{EVENT.DATE} {EVENT.TIME}
告警等级:{TRIGGER.SEVERITY}
告警信息: {TRIGGER.NAME}
告警项目:{TRIGGER.KEY1}
问题详情:{ITEM.NAME}:{ITEM.VALUE}
当前状态:{TRIGGER.STATUS}:{ITEM.VALUE1}
事件 ID:{EVENT.ID}
```

恢复邮件标题可以使用默认信息，也可使用如下中文报警恢复内容：

```
恢复标题: 恢复{TRIGGER.STATUS}, 服务器:{HOSTNAME1}: {TRIGGER.NAME}已恢复!
恢复信息:
告警主机:{HOSTNAME1}
告警时间:{EVENT.DATE} {EVENT.TIME}
告警等级:{TRIGGER.SEVERITY}
告警信息: {TRIGGER.NAME}
告警项目:{TRIGGER.KEY1}
问题详情:{ITEM.NAME}:{ITEM.VALUE}
当前状态:{TRIGGER.STATUS}:{ITEM.VALUE1}
事件 ID:{EVENT.ID}
```

打开 Zabbix 主页，选择 Monitoring→Problems，检查有问题的 Action 事件，单击 Time 选项下方的时间，如图 7-22 所示，可以看到执行结果。

Zabbix 邮件发送失败，报错 Support for SMTP authentication was not compiled in，原因是 Zabbix CURL 版本要求至少是 7.20 版本。升级 Zabbix CURL 方法如下。

创建 repo 源 vim /etc/yum.repos.d/city-fan.repo，并写入以下语句：

```
cat>/etc/yum.repos.d/city-fan.repo<<EOF
[CityFan] name=City Fan Repo baseurl=http://www.city-fan.org/ftp/contrib/
yum-repo/rhel5/x86_64/ enabled=1 gpgcheck=0
EOF
yum clean all
yum install curl
```

Zabbix CURL 升级完毕之后，测试邮件发送，还是报同样的错误，原因是需要重新将 zabbix_server 服务通过源码编译安装一遍，安装完毕重启服务；乱码问题是由于数据库字符集需改成 UTF-8 格式，将 Zabbix Database 导出，然后修改 latin1 为 UTF-8，再将 SQL 导入，重启 Zabbix

即可，最终如图 7-23 所示。

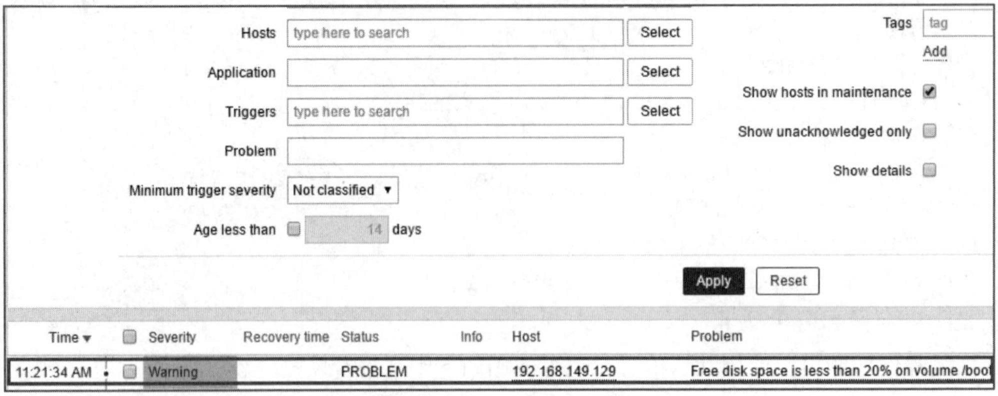

（a）Zabbix 查看有问题的事件

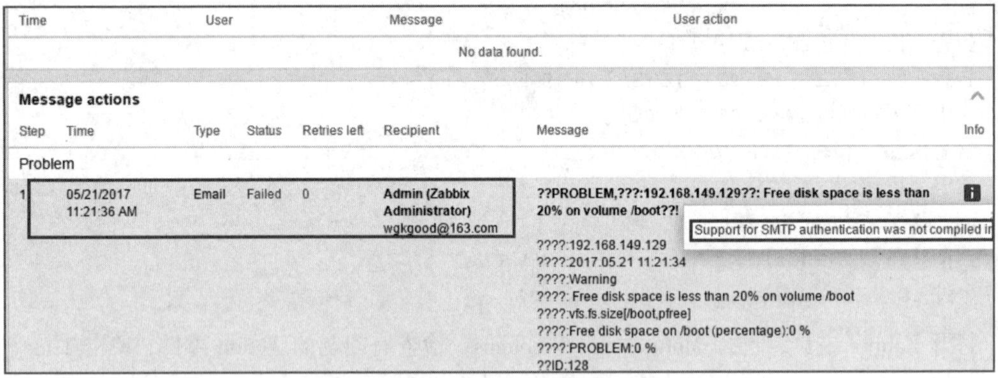

（b）Zabbix 有问题的事件执行任务

图 7-22　查看执行结果

（a）Zabbix 事情发送邮件进程

图 7-23　测试邮件发送

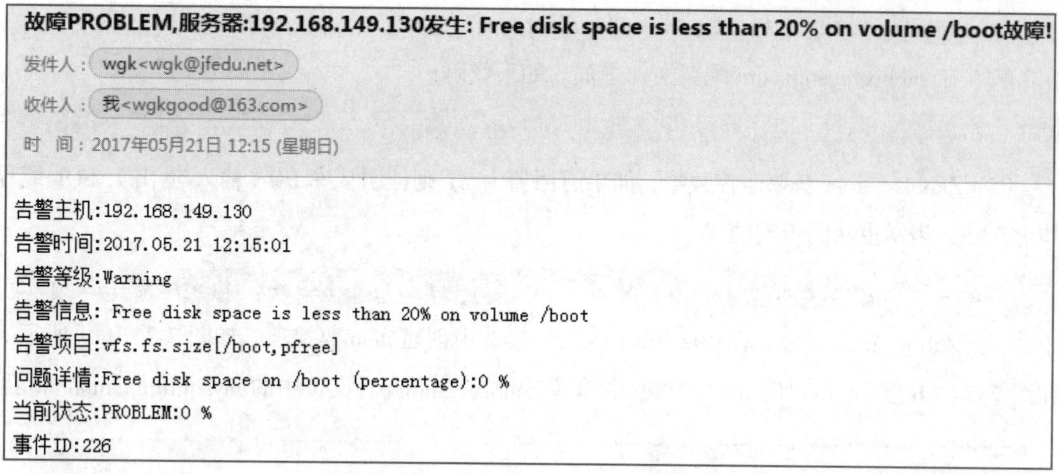

故障PROBLEM,服务器:192.168.149.130发生: Free disk space is less than 20% on volume /boot故障!

发件人：wgk<wgk@jfedu.net>

收件人：我<wgkgood@163.com>

时　间：2017年05月21日 12:15 (星期日)

告警主机:192.168.149.130
告警时间:2017.05.21 12:15:01
告警等级:Warning
告警信息: Free disk space is less than 20% on volume /boot
告警项目:vfs.fs.size[/boot,pfree]
问题详情:Free disk space on /boot (percentage):0 %
当前状态:PROBLEM:0 %
事件ID:226

（b）Zabbix 监控故障 item 发送报警邮件

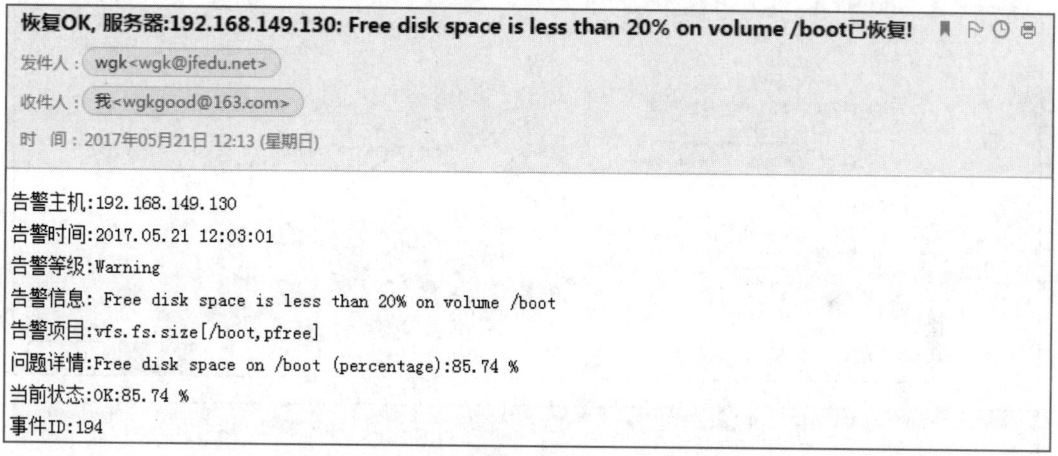

恢复OK, 服务器:192.168.149.130: Free disk space is less than 20% on volume /boot已恢复!　▌ ▷ ◷ 🖶

发件人：wgk<wgk@jfedu.net>

收件人：我<wgkgood@163.com>

时　间：2017年05月21日 12:13 (星期日)

告警主机:192.168.149.130
告警时间:2017.05.21 12:03:01
告警等级:Warning
告警信息: Free disk space is less than 20% on volume /boot
告警项目:vfs.fs.size[/boot,pfree]
问题详情:Free disk space on /boot (percentage):85.74 %
当前状态:OK:85.74 %
事件ID:194

（c）Zabbix 监控故障 item 恢复发送邮件

图 7-23　（续）

7.9　Zabbix 监控 MySQL 主从实战

Zabbix 监控除了可以使用 Agent 插件监控客户端服务器状态、CPU、内存、硬盘、网卡流量，同时还可以监控 MySQL 主从用、LNMP、Nginx Web 服务器等，以下为 Zabbix 监控 MySQL 主从复制的步骤。

（1）在 Zabbix Agent/data/sh 目录下创建 Shell 脚本 mysql_ab_check.sh，写入如下代码：

```
#!/bin/bash
/usr/local/mysql/bin/mysql -uroot -e 'show slave status\G' |grep -E "Slave_
```

```
IO_Running|Slave_SQL_Running"|awk '{print $2}'|grep -c Yes
```

（2）在 zabbix_agentd.conf 配置文件中加入如下代码：

```
UserParameter=mysql.replication,sh /data/sh/mysql_ab_check.sh
```

（3）Zabbix Server 获取监控数据，如果返回值为 2，则证明从库 I/O（输入/输出）、SQL 线程均为 YES，表示主从同步成功。

```
/usr/local/zabbix/bin/zabbix_get -s 192.168.149.129 -k mysql.replication
```

（4）Zabbix Web 平台，在 192.168.149.129 hosts 中创建 item 监控项，如图 7-24（a）所示，在图 7-24（b）所示窗口的 Key 文本框中填写 Zabbix agent 配置文件中的 mysql.replication 即可。

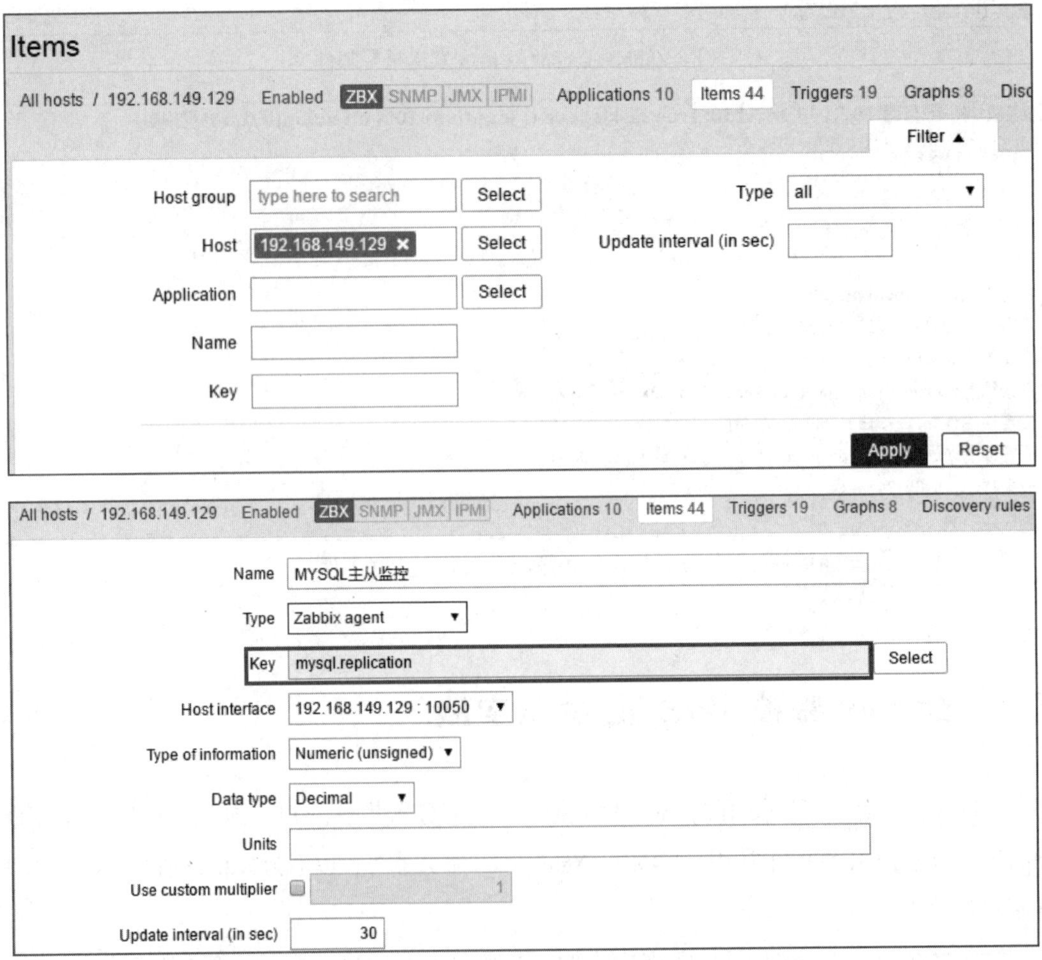

图 7-24　Zabbix 添加 MySQL 主从 item

MySQL 主从监控项创建 Graph 图像，如图 7-25 所示。

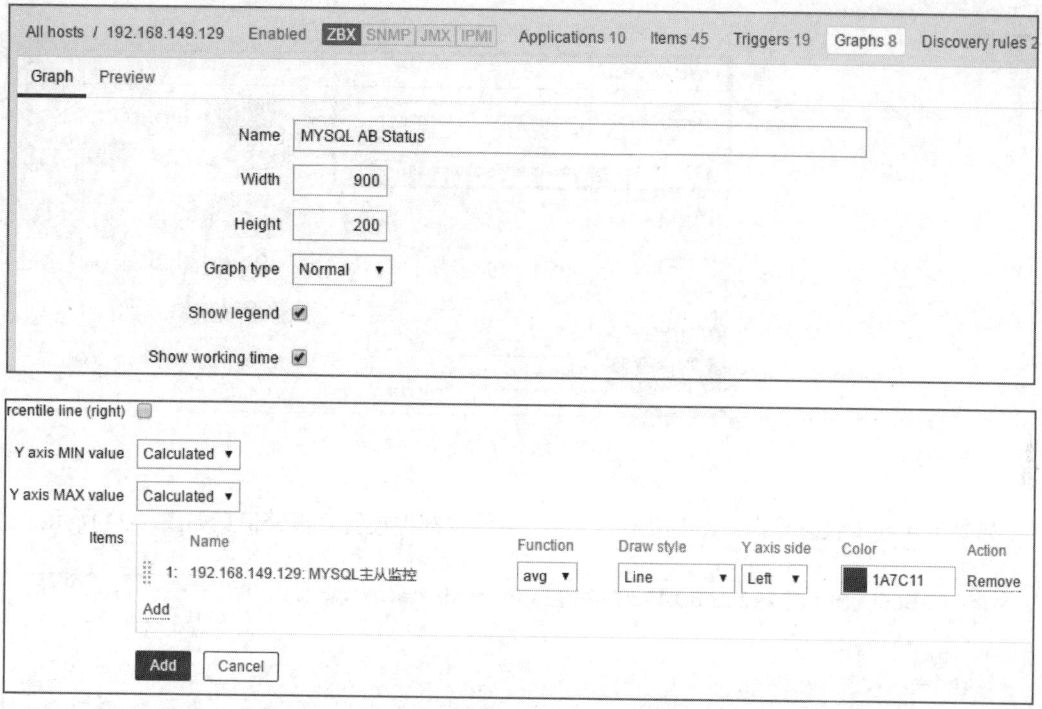

图 7-25　创建 MySQL 主从监控图像

MySQL 主从监控项创建触发器，如图 7-26 所示。MySQL 主从状态监控，设置触发器条件为 Key 值不等于 2 即可，不等于 2 即表示 MySQL 主从同步状态异常，匹配触发器，执行 Actions。

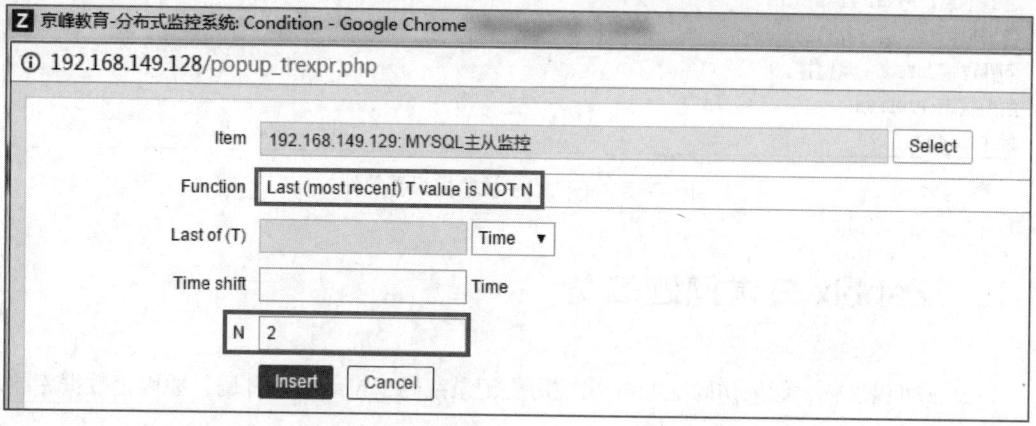

图 7-26　创建 MySQL 主从监控触发器

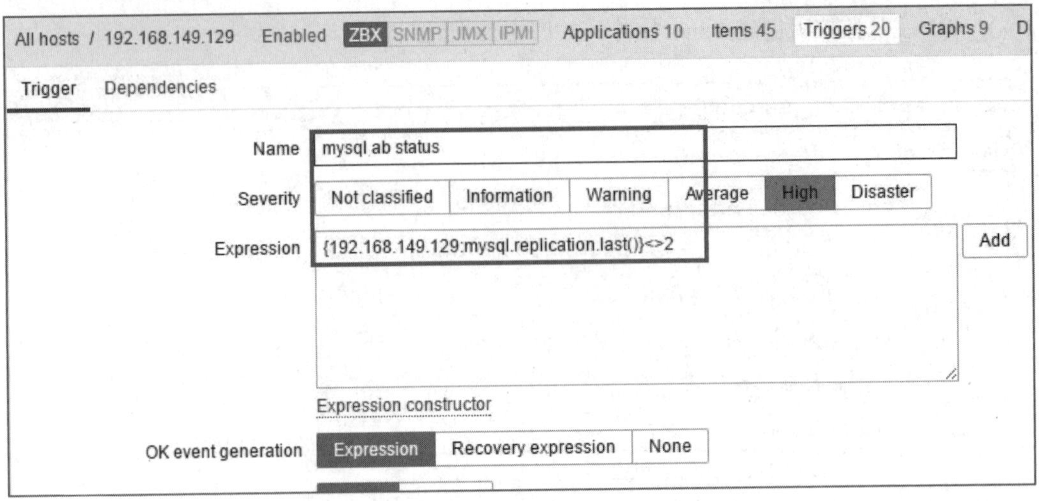

图 7-26　（续）

如果主从同步状态异常，Key 值不等于 2，会触发邮件报警，报警信息如图 7-27 所示。

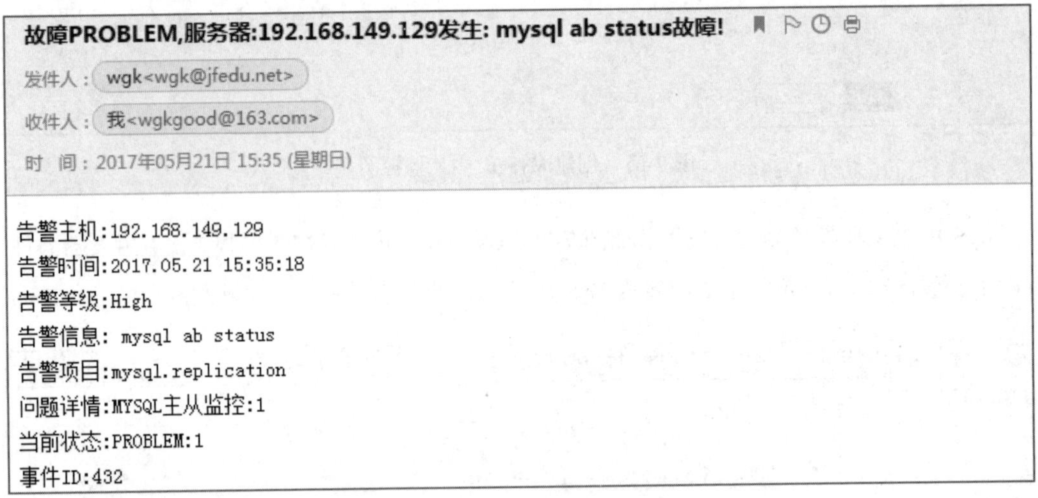

图 7-27　MySQL 主从监控报警邮件

7.10　Zabbix 日常问题汇总

Zabbix 可以汉化，如果访问 Zabbix 出现历史记录乱码、Web 界面乱码，原因是数据库导入前不是 UTF-8 字符集，需要修改为 UTF-8 模式，如图 7-28 所示。

```
Type 'help;' or '\h' for help. Type '\c' to clear the current input statement.
mysql> show variables like "%char%";
+--------------------------+----------------------------+
| variable_name            | value                      |
+--------------------------+----------------------------+
| character_set_client     | latin1                     |
| character_set_connection | latin1                     |
| character_set_database   | latin1                     |
| character_set_filesystem | binary                     |
| character_set_results    | latin1                     |
| character_set_server     | latin1                     |
| character_set_system     | utf8                       |
| character_sets_dir       | /usr/share/mysql/charsets/ |
+--------------------------+----------------------------+
8 rows in set (0.04 sec)

mysql>
```

图 7-28　数据库原字符集为 latin1

在文件 vim /etc/my.cnf 配置段加入如下代码：

```
[mysqld]
character-set-server= utf8
[client]
default-character-set = utf8
[mysql]
default-character-set = utf8
```

即可修改 MySQL 字符集。

备份 Zabbix 数据库并删除原数据库，重新创建，再导入备份的数据库，修改导入的 zabbix.sql 文件里面的 latin1 为 utf8，然后再导入 Zabbix 数据库，即可解决乱码问题。

```
sed  -i  's/latin1/utf8/g'  zabbix.sql
```

如果在查看 Graphs 监控图像界面的时候出现乱码，如图 7-29 所示，则打开控制面板，选择 "字体"，在弹出的对话框中选择一种中文字库，例如 "楷体"，如图 7-30 所示。

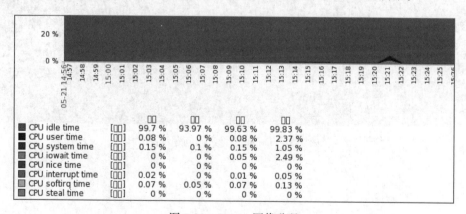

图 7-29　Graphs 图像乱码

图 7-30　上传 Windows 简体中文字体

　　将字体文件复制至 Zabbix Server default fonts 目录下（/var/www/html/zabbix/fonts），并且将 stkaiti.ttf 重命名为 DejaVuSans.ttf，最后刷新 Graph 图像，即可解决乱码问题，如图 7-31 所示。

```
[root@localhost ~]# cd /var/www/html/fonts/
[root@localhost fonts]#
[root@localhost fonts]#
[root@localhost fonts]# ls
DejaVuSans.ttf
[root@localhost fonts]#
[root@localhost fonts]#
[root@localhost fonts]# rz -y
rz waiting to receive.
 zmodem trl+C ↵
  100%   12437 KB 12437 KB/s 00:00:01          0 Errors

[root@localhost fonts]# ls
DejaVuSans.ttf  stkaiti.ttf
[root@localhost fonts]# mv stkaiti.ttf DejaVuSans.ttf
mv: overwrite `DejaVuSans.ttf'? y
[root@localhost fonts]#
[root@localhost fonts]# ls
DejaVuSans.ttf
```

图 7-31　Graph 图像乱码问题解决

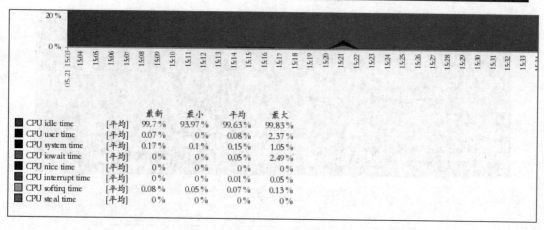

图 7-31　（续）

7.11　Zabbix 触发命令及脚本

Zabbix 监控在对服务或者设备进行监控的时候，如果被监控客户端服务异常，满足触发器，默认可以邮件报警、短信报警及微信报警。Zabbix 还可以远程执行命令或者脚本对部分故障实现自动修复。具体可以执行的任务包括：

（1）重启应用程序，例如 Apache、Nginx、MySQL、Tomcat 服务等；

（2）通过 IPMI 接口重启服务器；

（3）删除服务器磁盘空间及数据；

（4）执行脚本及资源调度管理；

（5）远程命令最大长度为 255 字符；

（6）同时支持多个远程命令；

（7）Zabbix 代理不支持远程命令。

使用 Zabbix 远程执行命令，首先需在 Zabbix Agent 配置文件开启对远程命令的支持，在 zabbix_agentd.conf 行尾加入如下代码，并重启服务，如图 7-32 所示。

```
EnableRemoteCommands = 1
```

创建 Action，Configuration→Actions→Triggers，如图 7-33 所示，Operation type（类型）选择 Remote Command，Steps 设置为执行命令 1～3 次，Step duration 设置为每次命令间隔 60s 执行一次，执行命令方式选择 Zabbix agent，基于 sudo 执行命令即可。

```
[root@localhost ~]# cd /usr/local/zabbix/etc/
[root@localhost etc]#
[root@localhost etc]# ls
zabbix_agentd.conf  zabbix_agentd.conf.d
[root@localhost etc]#
[root@localhost etc]# vim zabbix_agentd.conf
LogFile=/tmp/zabbix_agentd.log
Server=192.168.149.128
ServerActive=192.168.149.128
Hostname = 192.168.149.129
UserParameter=mysql.replication,sh /data/sh/mysql_ab_check.sh
EnableRemoteCommands = 1
```

图 7-32　客户端配置远程命令支持

Name	Remote command		
Type of calculation	And/Or ▼	A and B	
Conditions	Label	Name	Action
	A	Maintenance status not in *maintenance*	Remove
	B	Trigger severity >= *Warning*	Remove
New condition	Trigger name ▼	like ▼	
	Add		
Enabled	☑		

（a）客户端触发器满足条件

Operations	Steps Details		Start in	Duration (sec)	Action
	1 - 3 **Run remote commands on current host**		Immediately	60	Edit Remove
Operation details	Steps	1 - 3 (0 - infinitely)			
	Step duration	60 (minimum 60 seconds, 0 - use action default)			
	Operation type	Remote command ▼			
	Target list	Target		Action	
		Current host		Remove	
		New			
	Type	Custom script ▼			
	Execute on	Zabbix agent　Zabbix server			
	Commands	sudo /bin/bash /data/sh/auto_clean_disk.sh			

（b）Operations type 选择 Remote command

图 7-33　创建 Action

Zabbix Agent Sudoer 配置文件中添加 Zabbix 用户拥有执行权限且无须密码登录：

```
Defaults:zabbix       !requiretty
zabbix  ALL=(ALL)    NOPASSWD: ALL
```

在 Zabbix Agent/data/sh/目录下创建文件 auto_clean_disk.sh，脚本代码如下：

```
#!/bin/bash
#auto clean disk space
#2021 年 6 月 21 日 10:12:18
#by author jfedu.net
rm -rf /boot/test.img
find /boot/ -name "*.log" -size +100M -exec rm -rf {} \;
```

将 192.168.149.129 服务器的/boot 目录临时写满，满足触发器，实现远程命令执行，查看问题事件命令执行结果，如图 7-34 所示。

（a）远程命令执行成功

（b）远程命令执行磁盘清理成功

图 7-34　远程执行命令

如果 Zabbix 客户端脚本或者命令没有执行成功，HTTP 服务没有停止，可以在 Zabbix Server 端执行如下命令，如图 7-35 所示。

```
/usr/local/zabbix/bin/zabbix_get -s 192.168.149.129 -k "system.run[sudo
/etc/init.d/httpd restart]"
```

```
ifconfig eth0
:Ethernet  HWaddr 00:0c:29:3F:F8:29
192.168.149.128  Bcast:192.168.149.255  Mask:255.255.255.0
: fe80::20c:29ff:fe3f:f829/64 Scope:Link
AST RUNNING MULTICAST  MTU:1500  Metric:1
:453673 errors:0 dropped:0 overruns:0 frame:0
:538109 errors:0 dropped:0 overruns:0 carrier:0
:0 txqueuelen:1000
168319859 (160.5 MiB)  TX bytes:239519442 (228.4 MiB)
/usr/local/zabbix/bin/zabbix_get -s 192.168.149.129 -k "system.run[sud
OK  ]
od: Could not reliably determine the server's fully qualified domain na
```

图 7-35 测试远程命令

7.12 Zabbix 分布式监控实战

Zabbix 是一个分布式监控系统，它可以以一个中心点、多个分节点的模式运行。使用 Proxy 能大大降低 Zabbix Server 的压力。Zabbix Proxy 可以运行在独立的服务器上，如图 7-36 所示。

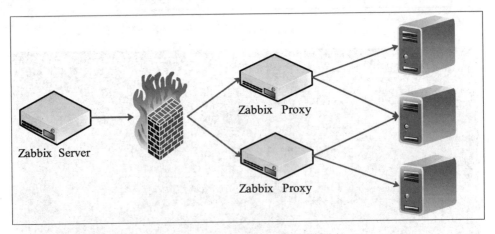

Zabbix Server

Zabbix Proxy

Zabbix Proxy

图 7-36 Zabbix Proxy 网络拓扑图

安装 Zabbix Proxy，基于 zabbix-4.0.26.tar.gz 软件包，同时需要导入 Zabbix 基本框架库，具体实现方法如下。

（1）下载 Zabbix 软件包，代码如下：

```
wget http://sourceforge.net/projects/zabbix/files/ZABBIX%20Latest%20Stable/
3.2.6/zabbix-4.0.26.tar.gz/download
```

（2）在 Zabbix Proxy 上执行如下代码：

```
yum -y install curl curl-devel net-snmp net-snmp-devel perl-DBI
groupadd zabbix ;useradd -g zabbix zabbix;usermod -s /sbin/nologin zabbix
```

（3）Zabbix Proxy 端配置。

创建 Zabbix Database，执行授权命令如下：

```
create  database  zabbix_proxy  charset=utf8;
grant all on zabbix_proxy.* to zabbix@localhost identified by '123456';
flush privileges;
```

解压 Zabbix 软件包并将 Zabbix 基础 SQL 文件数据导入 Zabbix Database：

```
tar  -xzvf  zabbix-4.0.26.tar.gz
cd  zabbix-4.0.26
mysql -uzabbix -p123456 zabbix_proxy <database/mysql/schema.sql
mysql -uzabbix -p123456 zabbix_proxy <database/mysql/images.sql
```

切换至 Zabbix 解压目录，执行如下代码，安装 zabbix_server：

```
./configure --prefix=/usr/local/zabbix/ --enable-proxy --enable-agent
--with-mysql --enable-ipv6 --with-net-snmp --with-libcurl
make
make install
ln -s /usr/local/zabbix/sbin/zabbix_*  /usr/local/sbin/
```

Zabbix Proxy 安装完毕，进入 usr/local/zabbix/etc/ 目录，如图 7-37 所示。

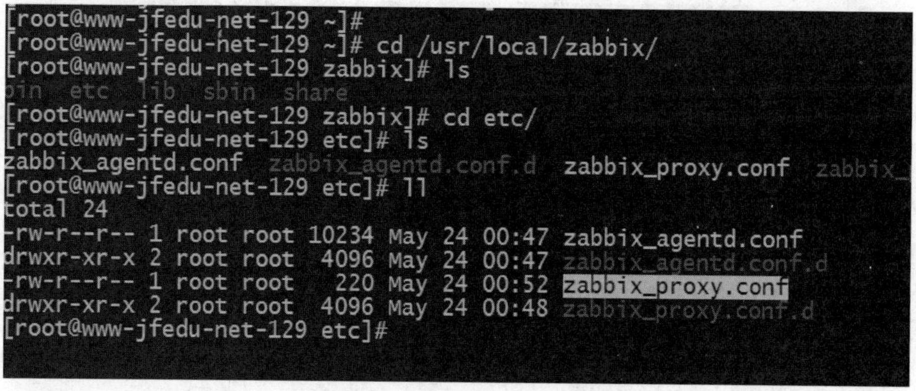

图 7-37　Zabbix Proxy 安装目录

（4）备份 Zabbix Proxy 配置文件，代码如下：

```
cp zabbix_proxy.conf zabbix_proxy.conf.bak
```

（5）zabbix_proxy.conf 配置文件中代码设置如下：

```
Server=192.168.149.128
Hostname=192.168.149.130
LogFile=/tmp/zabbix_proxy.log
DBName=zabbix_proxy
DBUser=zabbix
DBPassword=123456
Timeout=4
LogSlowQueries=3000
DataSenderFrequency=30
HistoryCacheSize=128M
CacheSize=128M
```

（6）Zabbix Agent 安装 Agent，同时配置 Agent 端 Server 设置为 Proxy 服务器的 IP 地址或者主机名，zabbix_agentd.conf 配置文件代码如下：

```
LogFile=/tmp/zabbix_agentd.log
Server=192.168.149.130
ServerActive=192.168.149.130
Hostname=192.168.149.131
```

（7）Zabbix Server Web 端添加 Proxy，实现集中管理和分布式添加监控，如图 7-38 所示。

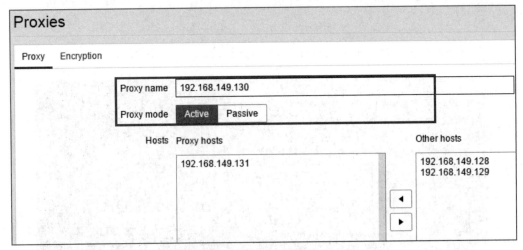

（a）Zabbix Server Web 端添加 Proxy

图 7-38　实现集中管理和分布式添加监控

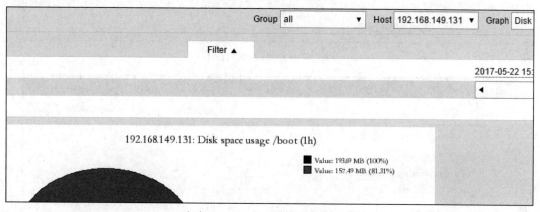

（b）Zabbix Proxy 监控客户端

（c）Zabbix Proxy 监控客户端图像

图 7-38　（续）

7.13　Zabbix 监控微信报警实战

Zabbix 除了可以使用邮件报警之外，还可以通过多种方式把报警信息发送到指定人，例如微信报警方式。越来越多的企业开始使用 Zabbix 结合微信作为主要的报警方式，因为大家几乎每天都在使用微信，这样可以及时有效地把报警信息推送到接收人，方便及时处理。Zabbix 微信报警设置步骤如下。

（1）微信企业号注册。

企业号注册地址为 https://qy.weixin.qq.com/，填写企业注册信息，待审核完毕，用微信扫描登录企业公众号，如图 7-39 所示。

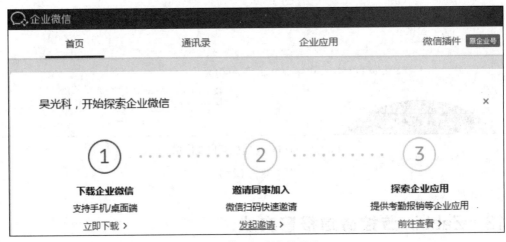

（a）微信企业公众号注册

（b）微信企业公众号登录

图 7-39　微信企业公众号注册与登录

（2）通讯录添加运维部门及人员。

登录新建的企业号，提前把企业成员信息添加到组织或者部门，需要填写手机号、微信号或邮箱。通过这样方式让别人扫码关注企业公众号，为了后面企业号推送消息给企业成员，如图 7-40 所示。

（3）企业应用–创建应用。

除了对个人添加微信报警之外，还可以添加不同管理组，接收同一个应用推送的消息。

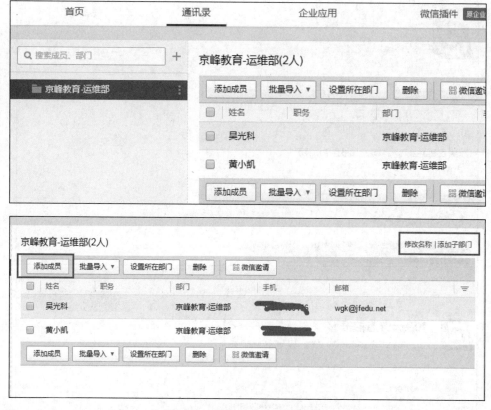

图 7-40　微信企业公众号通讯录

调用 API 接口需要用到成员账号、组织部门 ID、应用 Agent ID、CorpID 和 Secret 等信息，如图 7-41 所示。

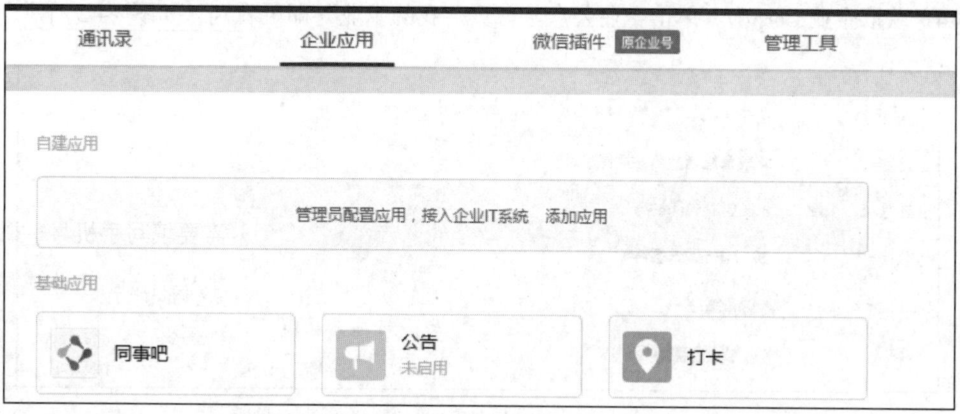

图 7-41　微信企业公众号创建应用

图 7-41 （续）

（4）获取企业 CorpID。单击企业公众号首页"我的企业"即可看到，如图 7-42 所示。

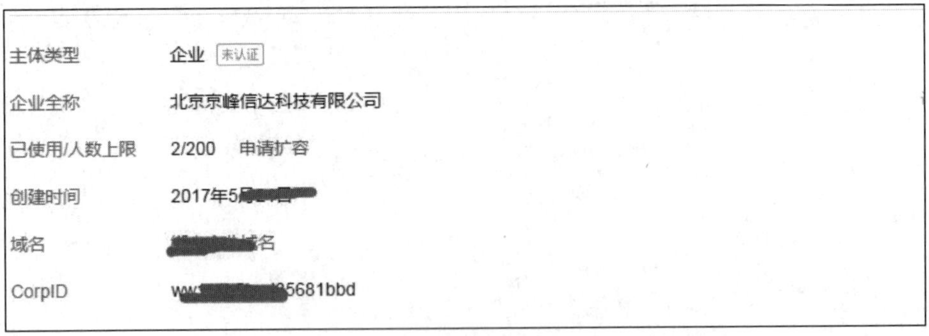

图 7-42 微信企业公众号 CorpID

（5）微信接口调试。调用微信接口需要一个调用接口的凭证：AccessToken，通过 CorpID 和 Secret 可以获得。微信企业号接口调试如图 7-43 所示。

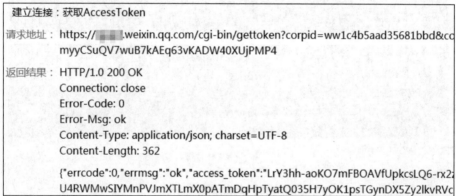

图 7-43　微信企业公众号调试

（6）获取微信报警工具，代码如下：

```
mkdir -p /usr/local/zabbix/alertscripts
cd /usr/local/zabbix/alertscripts
wget http://dl.cactifans.org/tools/zabbix_weixin.x86_64.tar.gz
tar -xzvf zabbix_weixin.x86_64.tar.gz
mv zabbix_weixin/weixin.
chmod o+x weixin
mv zabbix_weixin/weixincfg.json /etc/
rm -rf -xzvf zabbix_weixin.x86_64.tar.gz
rm -rf zabbix_weixin/
```

修改/etc/ weixincfg.json 配置文件中的 corpid、secret 和 agentid，并测试脚本发送信息，如

图 7-44 所示。

```
cd  /usr/local/zabbix/alertscripts
./weixin  wuguangke 京峰教育报警测试   Zabbix 故障报警
./weixin  contact   subject   body
#标准信息格式
#Contact,为你的微信账号,注意不是微信号,不是微信昵称,可以把用户账号设置成微信号或微
#信昵称,Subject 为告警主题,Body 为告警详情
```

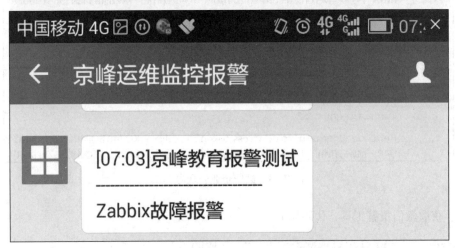

图 7-44　Zabbix Server 端微信配置文件

（7）脚本调用设置。

Zabbix Server 设置脚本执行路径，编辑 zabbix_server.conf 文件，添加如下内容：

```
AlertScriptsPath=/usr/local/zabbix/alertscripts
```

（8）Zabbix Web 配置，设置 Actions 动作，并设置触发微信报警，如图 7-45 所示。

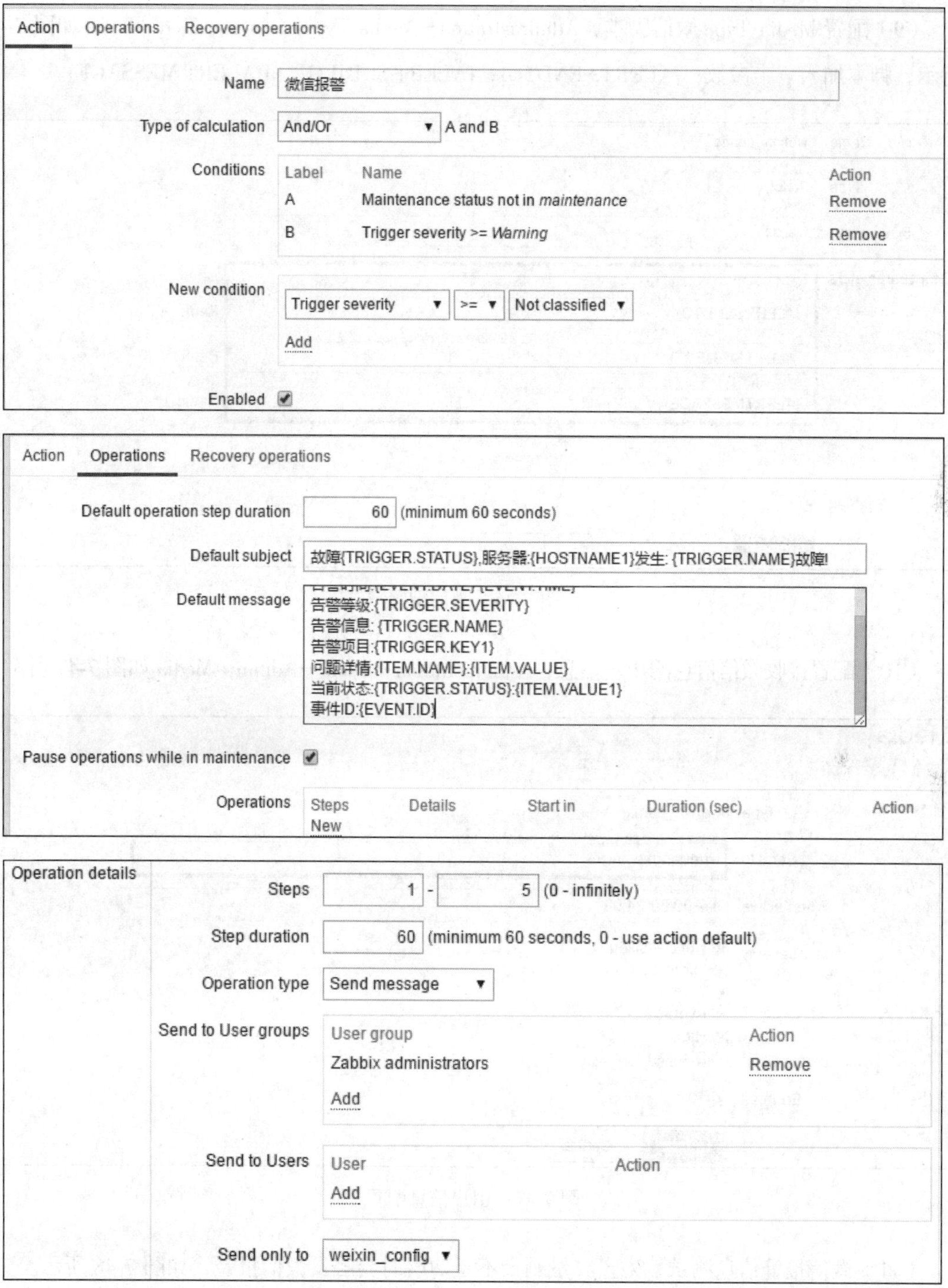

Action　Operations　Recovery operations

Name	微信报警	
Type of calculation	And/Or ▼	A and B

Conditions

Label	Name	Action
A	Maintenance status not in *maintenance*	Remove
B	Trigger severity >= *Warning*	Remove

New condition　Trigger severity ▼　>= ▼　Not classified ▼

Add

Enabled ☑

Action　Operations　Recovery operations

Default operation step duration	60	(minimum 60 seconds)
Default subject	故障{TRIGGER.STATUS},服务器:{HOSTNAME1}发生: {TRIGGER.NAME}故障!	

Default message
```
告警时间:{EVENT.DATE} {EVENT.TIME}
告警等级:{TRIGGER.SEVERITY}
告警信息: {TRIGGER.NAME}
告警项目:{TRIGGER.KEY1}
问题详情:{ITEM.NAME}:{ITEM.VALUE}
当前状态:{TRIGGER.STATUS}:{ITEM.VALUE1}
事件ID:{EVENT.ID}
```

Pause operations while in maintenance ☑

Operations

Steps	Details	Start in	Duration (sec)	Action
New				

Operation details

Steps	1 - 5	(0 - infinitely)
Step duration	60	(minimum 60 seconds, 0 - use action default)
Operation type	Send message ▼	

Send to User groups

User group	Action
Zabbix administrators	Remove
Add	

Send to Users

User	Action
Add	

Send only to　weixin_config ▼

图 7-45　Zabbix Server Action 动作配置

（9）配置 Media Type 微信脚本，Administration→Media Types→Create Media Type 如图 7-46 所示，脚本加入三个参数：{ALERT.SENDTO}、{ALERT.SUBJECT}和{ALERT.MESSAGE}。

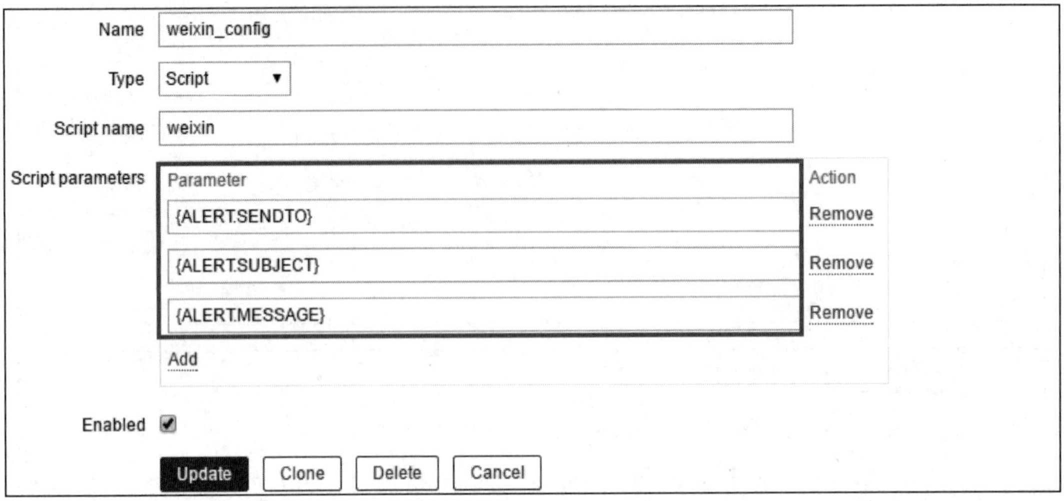

Name	weixin_config	
Type	Script ▼	
Script name	weixin	
Script parameters	Parameter	Action
	{ALERT.SENDTO}	Remove
	{ALERT.SUBJECT}	Remove
	{ALERT.MESSAGE}	Remove
	Add	
Enabled ☑		

[Update] [Clone] [Delete] [Cancel]

图 7-46　微信配置

（10）配置接收微信信息的用户信息，Administration→Users→Admin→Media 如图 7-47 所示。

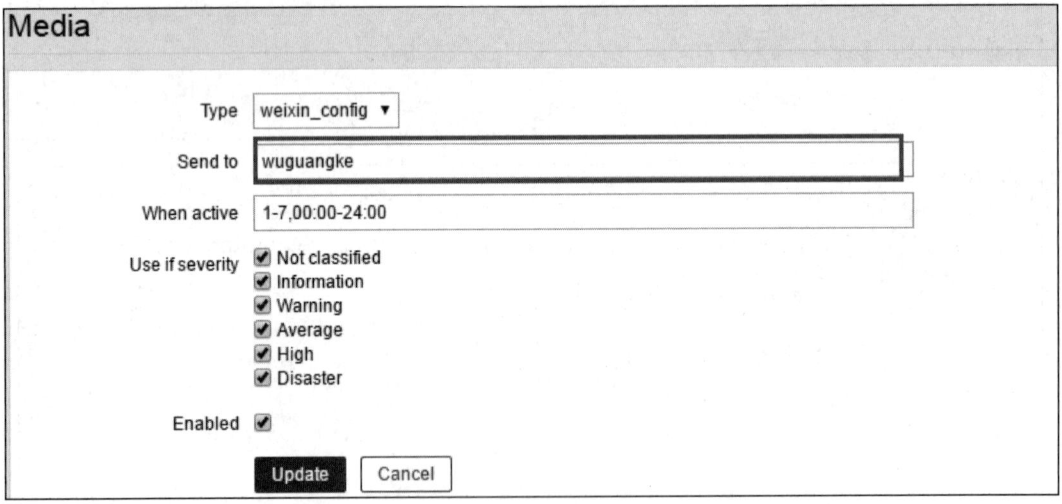

Media

Type	weixin_config ▼
Send to	wuguangke
When active	1-7,00:00-24:00
Use if severity	☑ Not classified
	☑ Information
	☑ Warning
	☑ Average
	☑ High
	☑ Disaster
Enabled	☑

[Update] [Cancel]

图 7-47　用户信息配置

（11）微信报警信息测试，磁盘容量剩余不足 20%时会触发微信报警，如图 7-48 所示。

Message actions						
Step	Time	Type	Status	Retries left	Recipient	Message
Problem						
1	05/23/2017 07:23:36 AM	weixin_config	Sent		Admin (Zabbix Administrator) wuguangke	故障PROBLEM,服务器:192.168.149.129发生: Free less than 20% on volume /boot故障! 告警主机:192.168.149.129 告警时间:2017.05.23 07:23:34 告警等级:Warning 告警信息: Free disk space is less than 20% on volu 告警项目:vfs.fs.size[/boot,pfree] 问题详情:Free disk space on /boot (percentage):0 % 当前状态:PROBLEM:0 % 事件ID:2664

（a）Zabbix 微信报警信息

（b）Zabbix 微信报警故障信息

（c）Zabbix 微信报警恢复信息

图 7-48　微信报警信息测试

7.14 Zabbix 监控原型及批量端口实战

线上生产环境运行着各个软件服务，每个软件服务对应不同的端口和进程，通常需要运维人员对多个软件服务的端口进行监控。

如果手动逐个添加端口，会消耗大量的人力成本。为了提高工作效率，可以采用批量添加监控端口的方法。Zabbix 通过 Discovery 功能实现该需求。

使用 Zabbix 监控服务器端口状态，工作流程如下：Zabbix 监控软件服务自带端口监控的监控项，所以需要手动定义所监控的 item，客户端获取的端口列表通过 Zabbix Agent 传送到 Zabbix Server，只需在服务器端进行端口监控模板配置，然后自定义监控图形，添加监控项即可。

（1）编写自动监控服务器上所有软件服务端口的脚本，脚本内容如下：

```
#!/bin/bash
PORT_ARRAY=('netstat -tnlp|egrep -i "$1"|awk {'print $4'}|awk -F':' '{if
($NF~/^[0-9]*$/) print $NF}'|sort|uniq'
)
length=${#PORT_ARRAY[@]}
printf "{\n"
printf '\t'"\"data\":["
for ((i=0;i<$length;i++))
do
printf '\n\t\t{'
printf "\"{#TCP_PORT}\":\"${PORT_ARRAY[$i]}\"}"
if [ $i -lt $[$length-1] ];then
printf ','
fi
done
printf "\n\t]\n"
printf "}\n"
```

（2）Zabbix Agent 的配置文件加入如下代码：

```
UserParameter=tcpportlisten,/bin/sh /data/sh/discover_port.sh "$1"
```

（3）添加 netstat 指令 s 权限，重启 Zabbix Agent 服务，命令如下：

```
chmod u+s /usr/bin/netstat
/etc/init.d/zabbix_agent restart
```

（4）Zabbix Agent 测试 discover_port 脚本是否检测到端口，代码如下，如图 7-49 所示。

```
/usr/local/zabbix/bin/zabbix_get -s 10.0.0.122 -k tcpportlisten
/usr/local/zabbix/bin/zabbix_get -s 10.0.0.122 -k tcpportlisten
```

```
[root@localhost ~]# /usr/local/zabbix/bin/zabbix_get -s 192.168.1.
{
        "data":[
                    {"{#TCP_PORT}":"10050"},
                    {"{#TCP_PORT}":"10051"},
                    {"{#TCP_PORT}":"22"},
                    {"{#TCP_PORT}":"25"},
                    {"{#TCP_PORT}":"3306"},
                    {"{#TCP_PORT}":"80"}
        ]
}
[root@localhost ~]#
[root@localhost ~]# /usr/local/zabbix/bin/zabbix_get -s 192.168.1.
```

图 7-49　Zabbix 批量监控端口

（5）将自动发现规则添加至 Template os Linux 模板中，如图 7-50 所示。

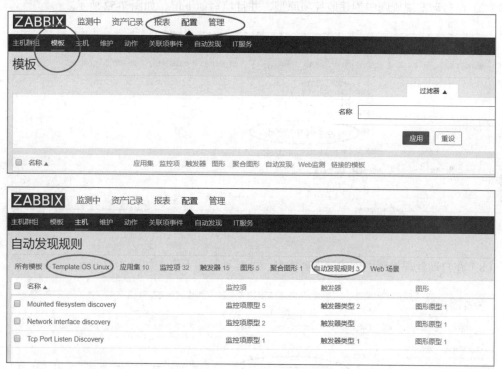

图 7-50　Zabbix Web 界面配置

（6）创建自动发现规则，如图 7-51 所示，键值设置为同 zabbix_agentd 配置文件中一致的值
（tcpportlisten）即可。

自动发现规则
所有模板 / Template OS Linux
自动发现清单 / Tcp Port Listen Discovery
监控项原型 1
触发器类型 1
图形原型 1
主机模板
自动发现规则
过滤器
名称
Tcp Port Listen Discovery
类型
Zabbix 客户端
键值
tcpportlisten
数据更新间隔(秒)
30
自定义时间间隔
类型
间隔
期间
动作
灵活
调度
50
1-7,00:00-24:00
移除

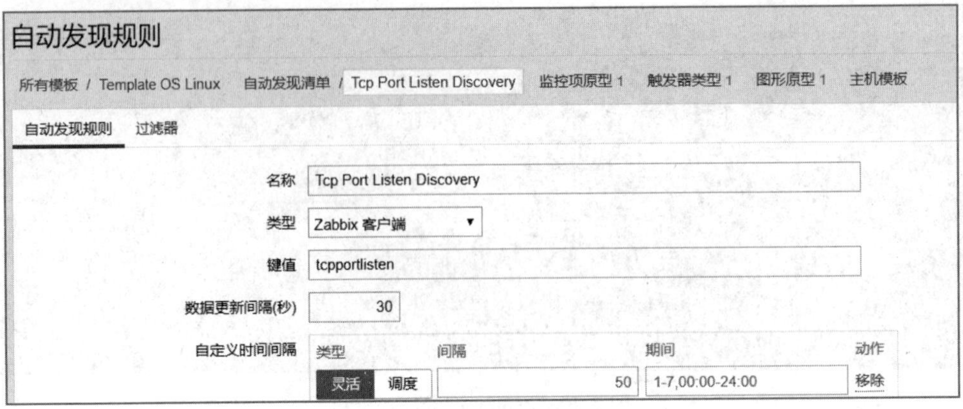

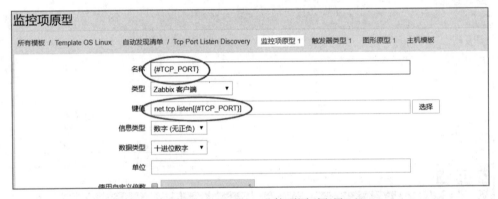

图 7-51　Zabbix Web 发现规则定义

（7）在自动发现规则中创建监控项原型，并且填写如下值，如图 7-52 所示。

监控项原型
所有模板 / Template OS Linux
自动发现清单 / Tcp Port Listen Discovery
监控项原型 1
触发器类型 1
图形原型 1
主机模板
名称
{#TCP_PORT}
类型
Zabbix 客户端
键值
net.tcp.listen[{#TCP_PORT}]
选择
信息类型
数字 (无正负)
数据类型
十进位数字
单位

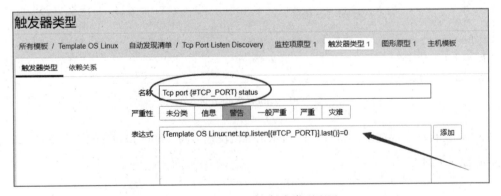

图 7-52　Zabbix Web 监控项原型配置

（8）在自动发现规则中创建触发器类型，并且填写如下值，如图 7-53 所示。

触发器类型
所有模板 / Template OS Linux
自动发现清单 / Tcp Port Listen Discovery
监控项原型 1
触发器类型 1
图形原型 1
主机模板
触发器类型
依赖关系
名称
Tcp port {#TCP_PORT} status
严重性
未分类
信息
警告
一般严重
严重
灾难
表达式
{Template OS Linux:net.tcp.listen[{#TCP_PORT}].last()}=0
添加

图 7-53　Zabbix Web 触发类型配置

（9）在自动发现规则中创建图形原型，并且填写如下值，如图 7-54 所示。

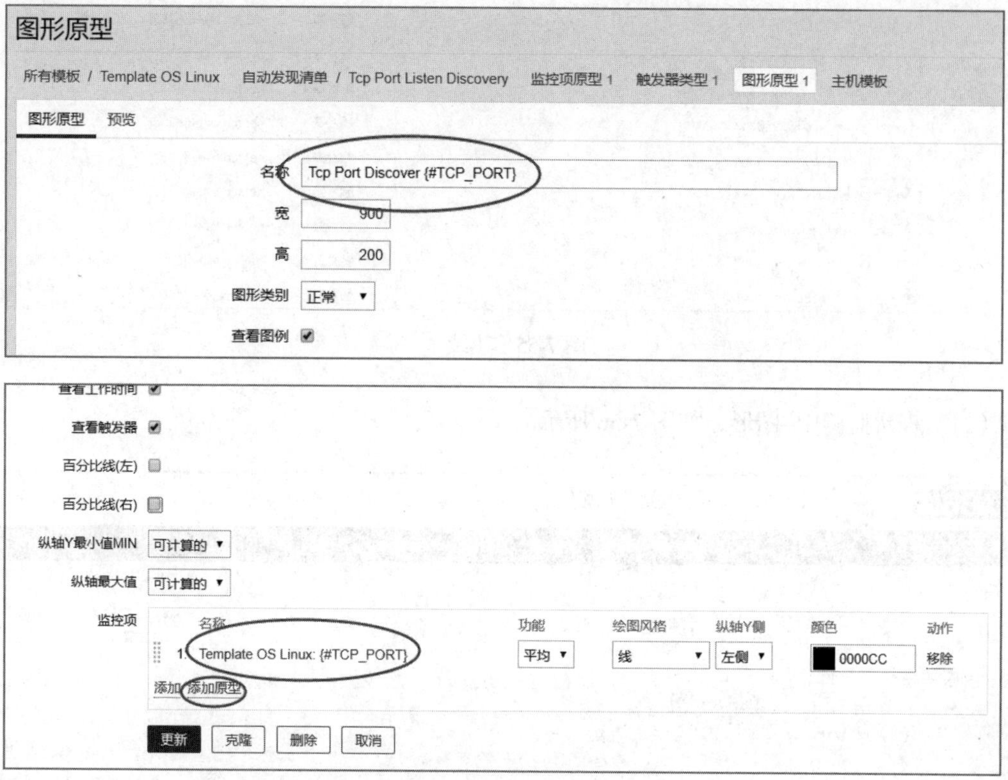

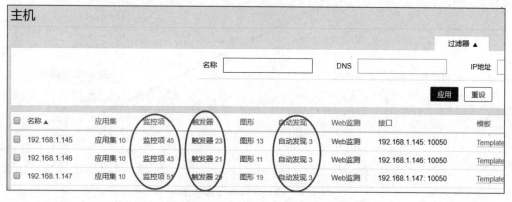

图 7-54　Zabbix Web 图形原型

（10）查看配置–主机–监控列表，如图 7-55 所示。

图 7-55　Zabbix Web 主机列表

☐	Tcp Port Listen Discovery: 22	触发器 1	net.tcp.listen[22]	3
☐	Tcp Port Listen Discovery: 25	触发器 1	net.tcp.listen[25]	3
☐	Tcp Port Listen Discovery: 6380	触发器 1	net.tcp.listen[6380]	3
☐	Tcp Port Listen Discovery: 6381	触发器 1	net.tcp.listen[6381]	3
☐	Tcp Port Listen Discovery: 6382	触发器 1	net.tcp.listen[6382]	3
☐	Tcp Port Listen Discovery: 6383	触发器 1	net.tcp.listen[6383]	3
☐	Tcp Port Listen Discovery: 6384	触发器 1	net.tcp.listen[6384]	3
☐	Tcp Port Listen Discovery: 6385	触发器 1	net.tcp.listen[6385]	3
☐	Tcp Port Listen Discovery: 6386	触发器 1	net.tcp.listen[6386]	3
☐	Tcp Port Listen Discovery: 6387	触发器 1	net.tcp.listen[6387]	3
☐	Tcp Port Listen Discovery: 10050	触发器 1	net.tcp.listen[10050]	3

图 7-55 （续）

（11）查看监测中–图形，如图 7-56 所示。

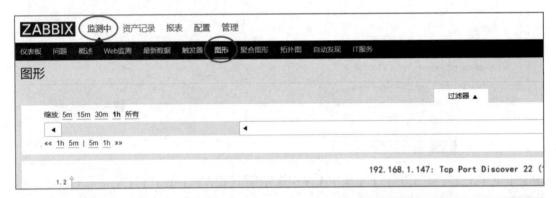

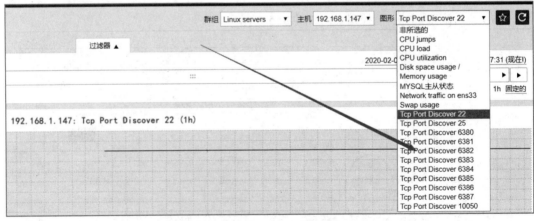

图 7-56　Zabbix Web 图形展示

7.15　Zabbix 监控网站关键词

随着公司网站系统越来越多，不能通过人工每天手动刷新网站检查网站代码及页面是否被篡改。通过 Zabbix 监控可以实现自动检查，例如监控某个客户端网站页面中关键词 ATM 是否被修改，通过脚本监控的方法如下。

（1）Zabbix Agent 编写 Shell 脚本监控网站关键词，在/data/sh/目录下编写 Shell 脚本内容如下，如图 7-57 所示。

```
#!/bin/bash
#2021 年 5 月 24 日 09:49:48
#by author jfedu.net
###################
WEBSITE="http://192.168.149.131/"
NUM=`curl -s $WEBSITE|grep -c "ATM"`
echo $NUM
```

```
[root@localhost sh]# cat check_http_word.sh
#!/bin/bash
#2017年5月24日09:49:48
#by author jfedu.net
###################
WEBSITE="http://192.168.149.131/"
NUM=`curl -s $WEBSITE|grep -c "ATM"`
echo $NUM
[root@localhost sh]#
[root@localhost sh]#
[root@localhost sh]# sh check_http_word.sh
1
[root@localhost sh]#
[root@localhost sh]#
```

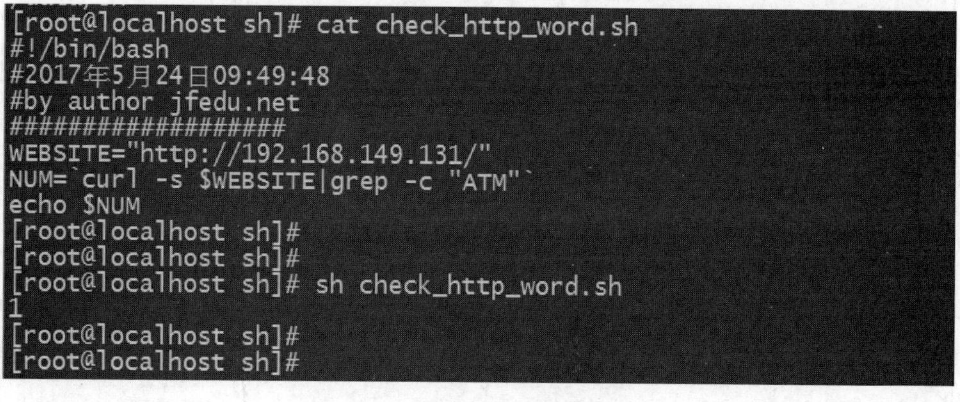

图 7-57　Zabbix 客户端脚本内容

（2）在 zabbix_agentd.conf 文件中加入如下代码，并重启 Agentd 服务即可，执行结果如图 7-58 所示。

```
UserParameter=check_http_word,sh /data/sh/check_http_word.sh
```

（3）Zabbix Server 获取 Zabbix Agent 的关键词，如为 1，则表示 ATM 关键词存在；如果不为 1，则表示 ATM 关键词被篡改。

```
/usr/local/zabbix/bin/zabbix_get -s 192.168.149.131 -k check_http_word
```

（4）Zabbix Web 添加 Zabbix Agent 的监控项，如图 7-59 所示。

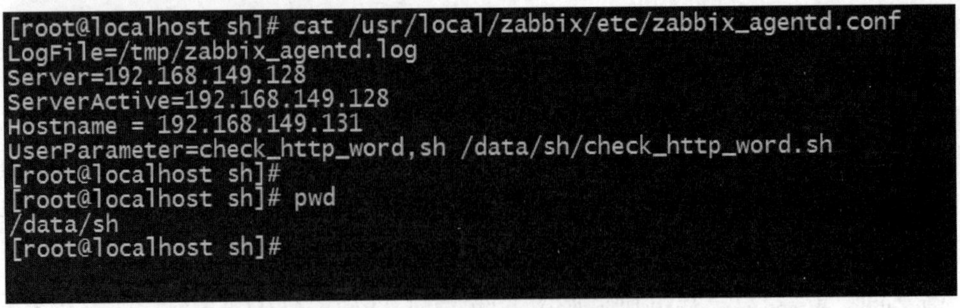

```
[root@localhost sh]# cat /usr/local/zabbix/etc/zabbix_agentd.conf
LogFile=/tmp/zabbix_agentd.log
Server=192.168.149.128
ServerActive=192.168.149.128
Hostname = 192.168.149.131
UserParameter=check_http_word,sh /data/sh/check_http_word.sh
[root@localhost sh]#
[root@localhost sh]# pwd
/data/sh
[root@localhost sh]#
```

图 7-58　Zabbix Agent 脚本执行结果

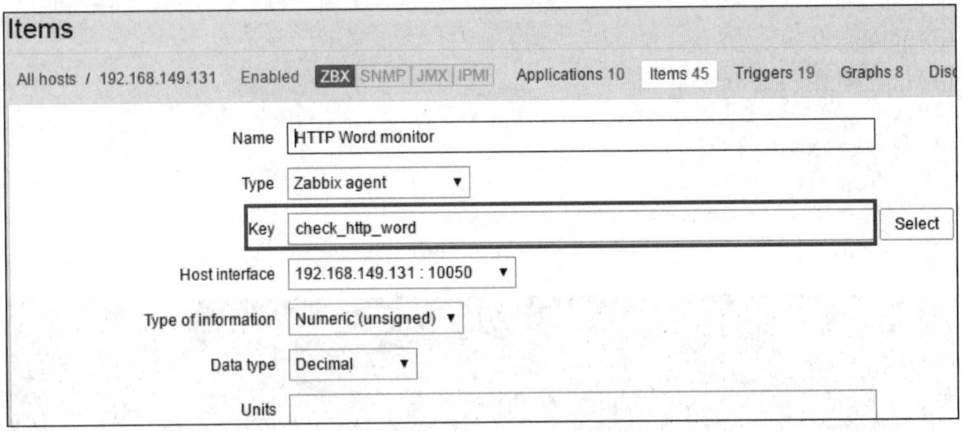

Items

All hosts / 192.168.149.131　Enabled　ZBX SNMP JMX IPMI　Applications 10　Items 45　Triggers 19　Graphs 8　Disc

Name	HTTP Word monitor
Type	Zabbix agent ▾
Key	check_http_word　Select
Host interface	192.168.149.131 : 10050 ▾
Type of information	Numeric (unsigned) ▾
Data type	Decimal ▾
Units	

图 7-59　Zabbix Agent Key 添加

（5）创建 check_http_word 监控 Graphs 图像，如图 7-60 所示。

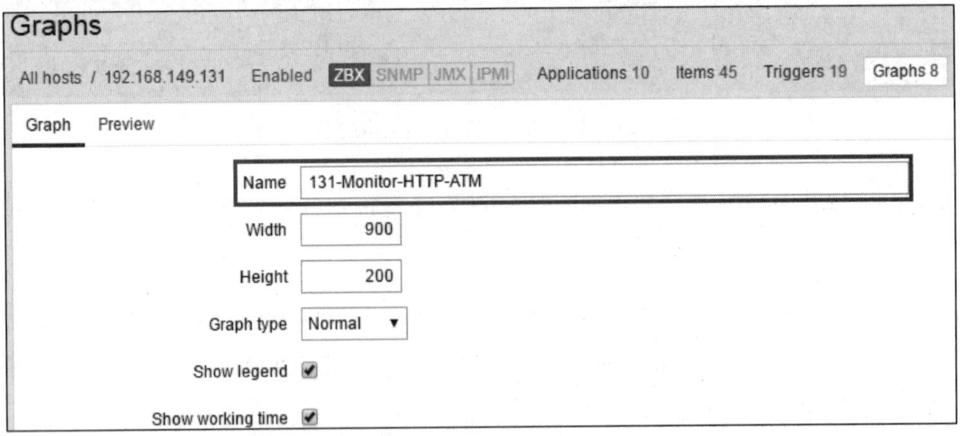

Graphs

All hosts / 192.168.149.131　Enabled　ZBX SNMP JMX IPMI　Applications 10　Items 45　Triggers 19　Graphs 8

Graph　Preview

Name	131-Monitor-HTTP-ATM
Width	900
Height	200
Graph type	Normal ▾
Show legend	☑
Show working time	☑

图 7-60　Zabbix Agent 添加 Graphs

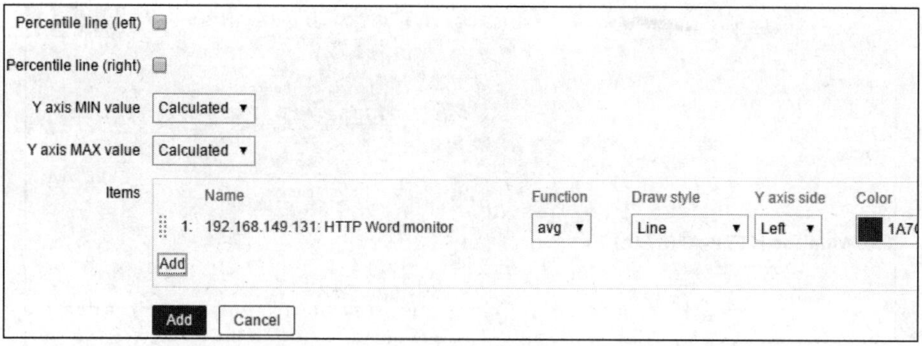

图 7-60　（续）

（6）创建 check_http_word 触发器，如图 7-61 所示。

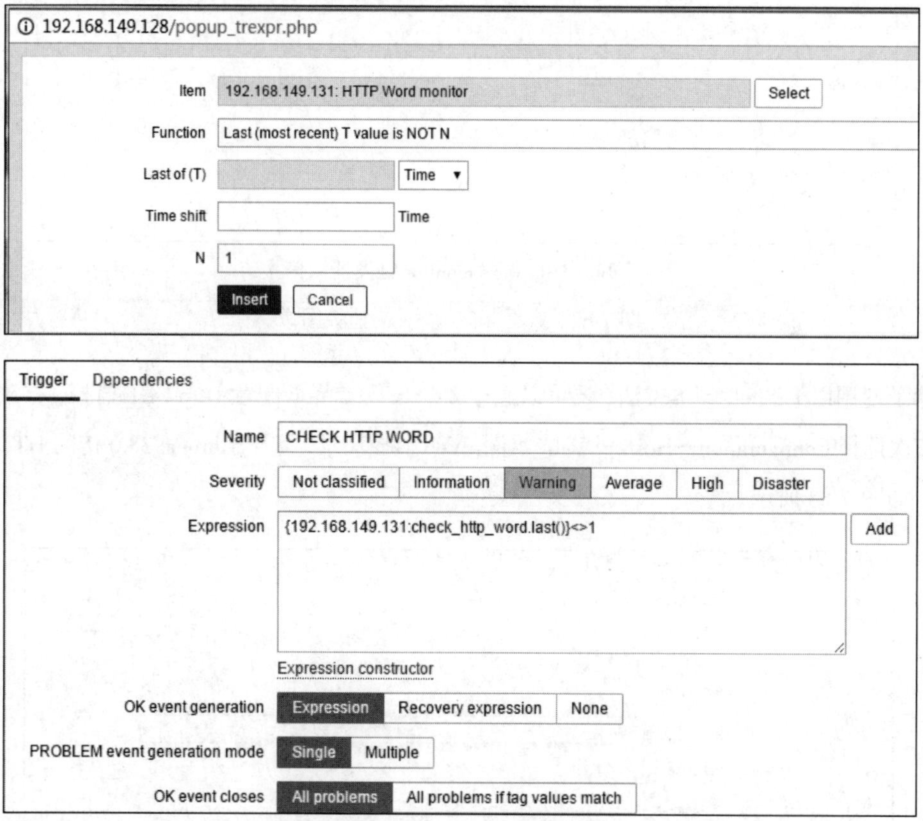

图 7-61　Zabbix Agent 创建触发器

（7）查看 Zabbix Agent 监控图像，如图 7-62 所示。

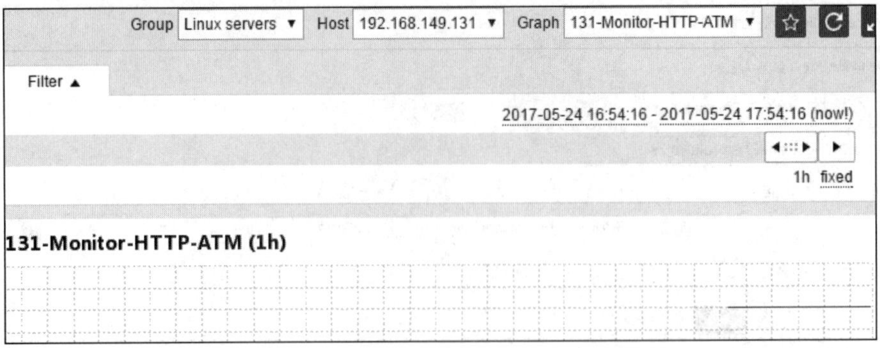

| Group | Linux servers ▾ | Host | 192.168.149.131 ▾ | Graph | 131-Monitor-HTTP-ATM ▾ | ☆ | C |

Filter ▲

2017-05-24 16:54:16 - 2017-05-24 17:54:16 (now!)

◀ ⋮⋮⋮ ▶ │ ▶

1h fixed

131-Monitor-HTTP-ATM (1h)

（a）Zabbix Http word monitor 监控图

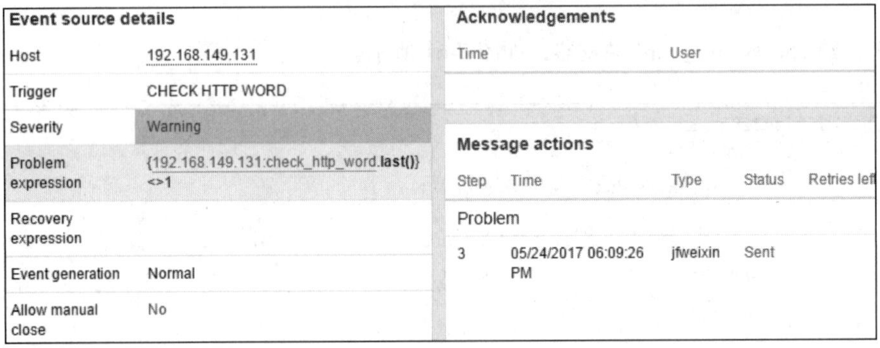

Event source details		**Acknowledgements**			
Host	192.168.149.131	Time		User	
Trigger	CHECK HTTP WORD				
Severity	Warning				
Problem expression	{192.168.149.131:check_http_word.**last()**} <>1	**Message actions**			
		Step	Time	Type	Status	Retries lef
Recovery expression		Problem			
Event generation	Normal	3	05/24/2017 06:09:26 PM	jfweixin	Sent
Allow manual close	No				

（b）Zabbix Http word monitor 触发器微信报警

图 7-62　查看 Zabbix Agent 监控图像

除了使用以上 Shell 脚本方法，还可以通过 Zabbix Web 界面配置 Http URL 监控，方法如下：

依次选择 Configuration→Hosts→Web，创建 Web 监控场景，基于 Chrome 38.0 访问 HTTP Web 页面，如图 7-63 所示。

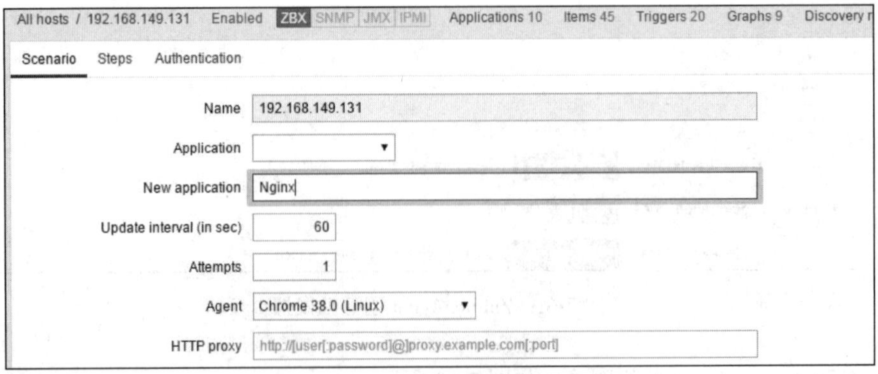

| All hosts / 192.168.149.131 | Enabled | ZBX | SNMP | JMX | IPMI | Applications 10 | Items 45 | Triggers 20 | Graphs 9 | Discovery r |

Scenario　Steps　Authentication

Name	192.168.149.131
Application	▾
New application	Nginx
Update interval (in sec)	60
Attempts	1
Agent	Chrome 38.0 (Linux) ▾
HTTP proxy	http://[user[:password]@]proxy.example.com[:port]

（a）Zabbix Web 场景配置（1）

图 7-63　创建 Web 监控场景

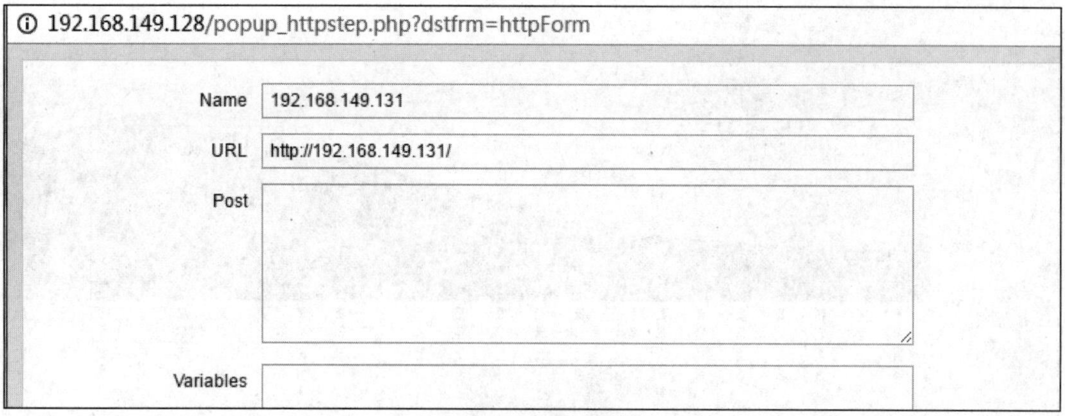

ⓘ 192.168.149.128/popup_httpstep.php?dstfrm=httpForm

Name	192.168.149.131
URL	http://192.168.149.131/
Post	
Variables	

（b）Zabbix Web 场景配置（2）

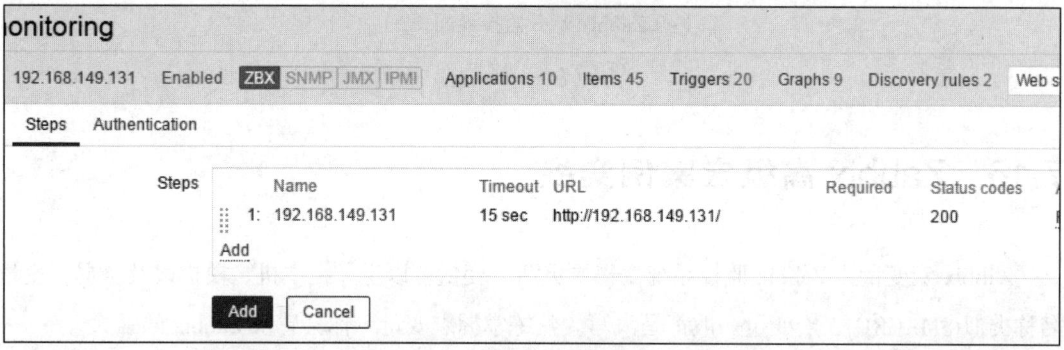

onitoring

192.168.149.131　Enabled　ZBX SNMP JMX IPMI　Applications 10　Items 45　Triggers 20　Graphs 9　Discovery rules 2　Web s

Steps　Authentication

Steps	Name	Timeout	URL	Required	Status codes
	1:　192.168.149.131	15 sec	http://192.168.149.131/		200
	Add				

Add　Cancel

（c）Zabbix Web 场景配置（3）

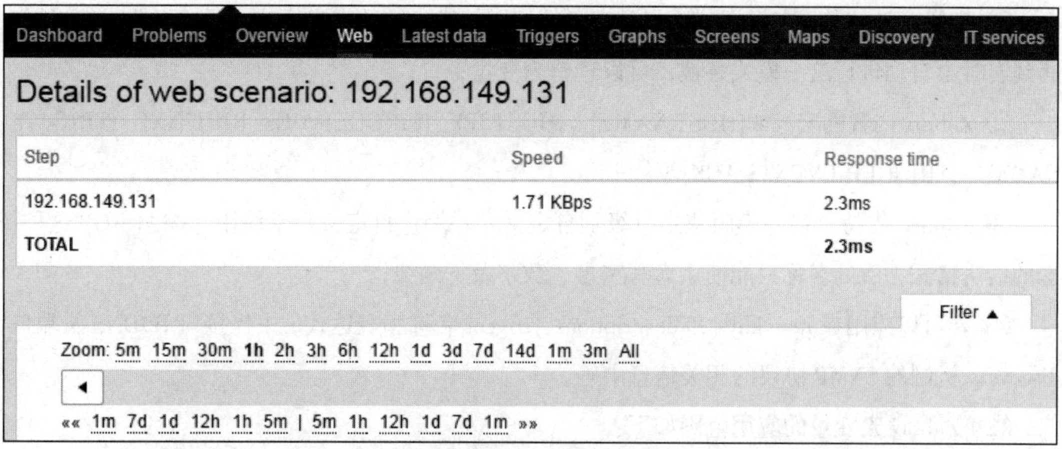

Dashboard　Problems　Overview　**Web**　Latest data　Triggers　Graphs　Screens　Maps　Discovery　IT services

Details of web scenario: 192.168.149.131

Step	Speed	Response time
192.168.149.131	1.71 KBps	2.3ms
TOTAL		**2.3ms**

Filter ▲

Zoom: 5m　15m　30m　**1h**　2h　3h　6h　12h　1d　3d　7d　14d　1m　3m　All

◀

«« 1m 7d 1d 12h 1h 5m | 5m 1h 12h 1d 7d 1m »»

（d）Zabbix Web 监控界面（1）

图 7-63　（续）

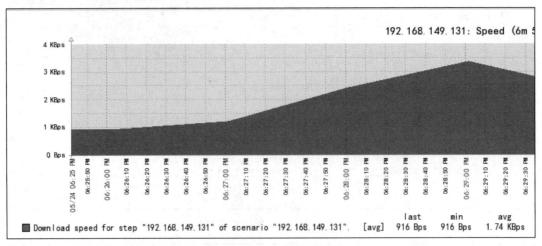

（e）Zabbix Web 监控界面（2）

图 7-63 （续）

7.16　Zabbix 高级宏案例实战

Zabbix 宏变量让 Zabbix 监控系统变得更灵活，变量可以定义在主机、模板以及全局，变量名称类似{$MACRO}，宏变量一般都是大写。熟练掌握宏变量，你会感叹 Zabbix 的强大。

（1）Zabbix 宏变量的特点如下：

① 宏是一种抽象，它根据一系列预定义的规则替换一定的文本模式，而解释器或编译器在遇到宏时会自动进行这一模式替换，可以理解为变量；

② Zabbix 内置的宏，如{HOST.NAME}、{HOST.IP}、{TRIGGER.DESCRIPTION}、{TRIGGER.NAME}、{TRIGGER.EVENTS.ACK}等；

③ Zabbix 支持全局、模版或主机级别自定义宏，用户自定义宏要使用"{$MACRO}"这种特殊的语法格式，宏的名称只能使用大写字母、数字及下画线；

④ 宏可以应用在 item keys 和 descriptions、trigger 名称和表达式、主机接口 IP/DNS 及端口、discovery 机制的 SNMP 协议的相关信息中等。

（2）Zabbix 宏变量的应用范围如下：

① Item 项目名称；

② Item key 参数；

③ 触发器名称和描述；

④ 触发器表达式。

（3）Zabbix 宏变量的命名规范如下：

① 宏变量名称一般以大写字母开头；

② 不能以数字开头；

③ 可以使用大写字母+数字；

④ 大写字母和数字之间可以使用下画线。

（4）Zabbix 宏变量的应用案例。

定义全局宏位置，Administration–General–Macros，定义宏名称为{$MYSQL_NUMBER}，值为
2。定义主机/模板级宏变量，编辑主机或者模板，找到 Macros 选项卡，定义宏变量。

宏变量经常用于替代账号、端口、密码等，例如需要监控账号和密码，可以将其定义为宏，
下次账号和密码有修改，只需要修改宏的值即可，而不需要对每个监控项都修改账号和密码，
如图 7-64 所示。

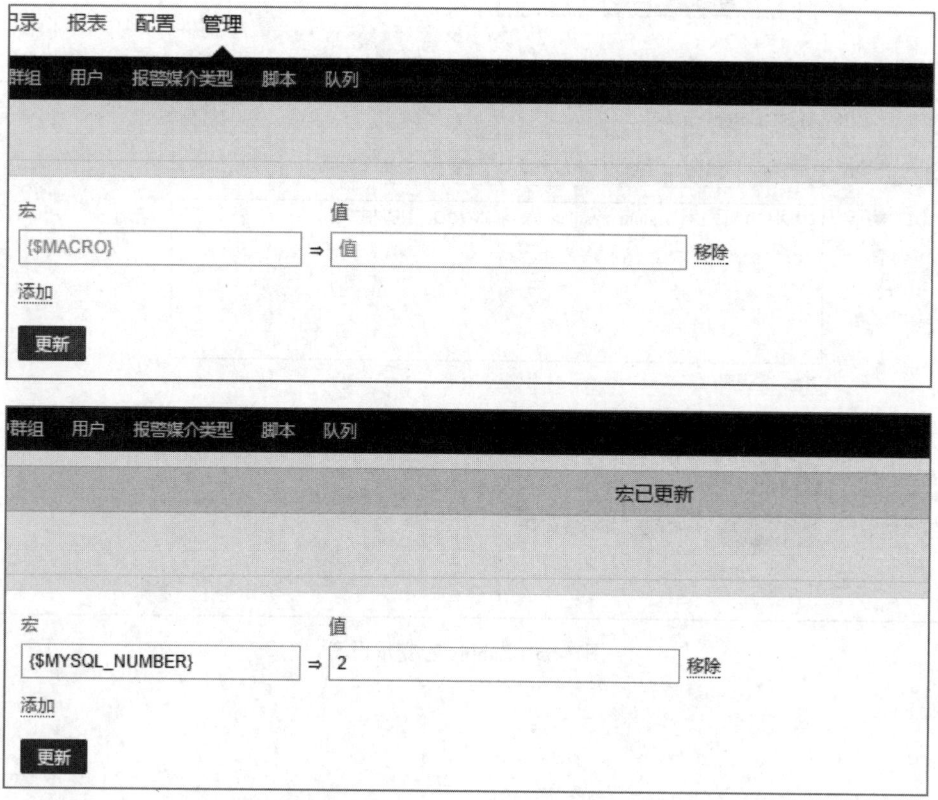

图 7-64　Zabbix 宏变量设置

（5）Zabbix 宏变量的引用。

创建 MySQL_Monitor 监控 MySQL 主从监控项，监控从库 MySQL 两个线程均为 YES 方可，自定义 Key，获取两个线程为 YES 时值等于 2，将 2 设置为宏变量值，然后创建触发器，如图 7-65 所示。

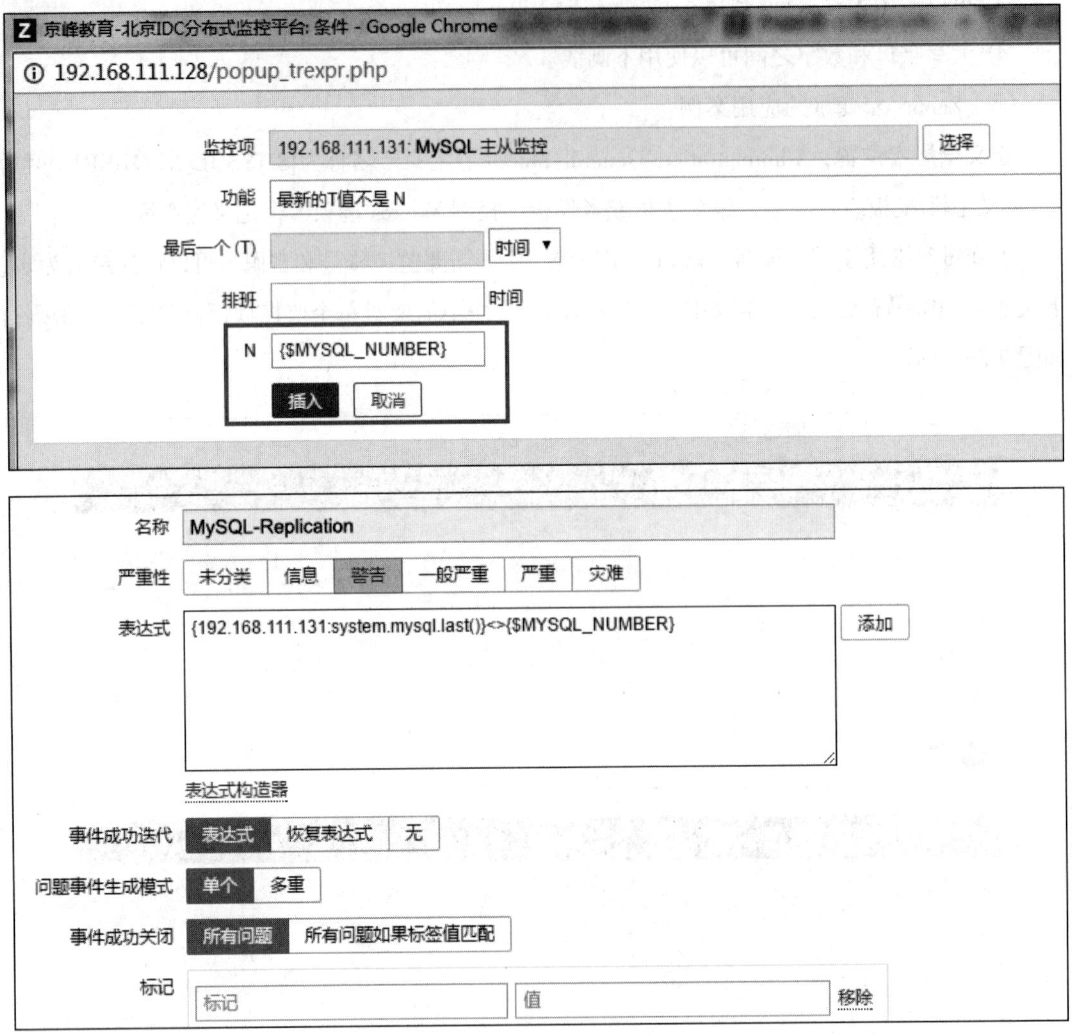

图 7-65　Zabbix 宏变量设置

最终查看监控图像，如图 7-66 所示。

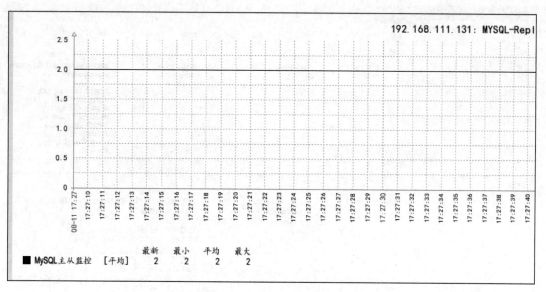

图 7-66　Zabbix Web 监控界面（3）

停止 MySQL Slave 服务，如图 7-67 所示。

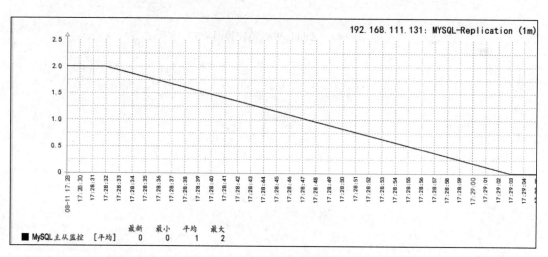

图 7-67　Zabbix Web 监控界面（4）

查看触发器及报警，如图 7-68 所示。

如上配置，证明宏{$MYSQL_NUMBER}变量生效。值为图像中的 2，可以随时修改宏的值，改动图像展示。

192.168.111.131		时间		用户		消息		用户动作
MYSQL-Replication					未发现数据			
警告		**消息动作**						
{192.168.111.131:system.mysql.**last()**} <>2		步骤	时间	类型	状态	重试次数	接收者	消息
		问题						
正常		1	2017-08-11 17:29:29	Zabbix微信报警	已送达		Admin (Zabbix Administrator) wuguangke	故障PROBLEM,服务器:192.168.111 Replication故障!
不								告警主机:192.168.111.131 告警时间:2017.08.11 17:29:03 告警等级:Warning 告警信息: MYSQL-Replication 告警项目:system.mysql 问题详情:MYSQL主从监控:0 当前状态:PROBLEM:0 事件ID:52484
不								
MYSQL-Replication								
2017-08-11 17:29:03								

问题						
1	2017-08-11 17:29:29	Zabbix微信报警	已送达	Admin (Zabbix Administrator) wuguangke		故障PROBLEM,服务器:192.168.111.131发生: MYSQL- Replication故障!
						告警主机:192.168.111.131 告警时间:2017.08.11 17:29:03 告警等级:Warning 告警信息: MYSQL-Replication 告警项目:system.mysql 问题详情:MYSQL主从监控:0 当前状态:PROBLEM:0 事件ID:52484

命令动作				
步骤	时间	状态	命令	错误
		未发现数据		

图 7-68　Zabbix Web 监控界面（5）

第 8 章　Prometheus+Grafana

分布式监控实战

8.1　Prometheus 概念剖析

Prometheus（普罗米修斯）是一套开源的、免费的分布式系统监控报警平台，与 Cacti、Nagios、Zabbix 类似，都是企业最常使用的监控系统，但是 Prometheus 作为新一代的监控系统，主要应用于云计算方面。

Prometheus 自 2012 建立以来，已被许多公司和组织采用，现在是一个独立的开源项目。从 2016 年起，Prometheus 加入云计算基金会作为 Kubernetes 之后的第二托管项目。

8.2　Prometheus 监控优点

Prometheus 相比传统监控系统（Cacti、Nagios、Zabbix）有如下优点。

（1）易管理。

Prometheus 核心部分只有一个单独的二进制文件，可直接在本地工作，不依赖于分布式存储。

（2）业务数据相关性。

监控服务的运行状态基于 Prometheus 丰富的 Client 库，用户可以轻松地在应用程序中添加对 Prometheus 的支持，以获取服务和应用内部真正的运行状态。

（3）性能高效。

单一 Prometheus 可以处理数以百万的监控指标，每秒处理数十万的数据点。

（4）易伸缩。

通过使用功能分区（sharing）+集群（federation）可以对 Prometheus 进行扩展，形成一个逻辑集群。

（5）良好的可视化。

Prometheus 除了自带 Prometheus UI，还提供了一个独立的基于 Ruby On Rails 的 Dashboard 解决方案 Promdash。另外，最新的 Grafana 可视化工具也提供了完整的 Prometheus 支持，基于 Prometheus 提供的 API 还可以实现自己的监控可视化 UI。

8.3 Prometheus 监控特点

Prometheus 监控有如下特点：

（1）由度量名和键值对标识的时间序列数据的多维数据模型；

（2）灵活的查询语言；

（3）不依赖于分布式存储，单服务器节点是自治的；

（4）通过 HTTP 上的拉模型实现时间序列收集；

（5）通过中间网关支持推送时间序列；

（6）通过服务发现或静态配置发现目标；

（7）图形和仪表板支持的多种模式。

8.4 Prometheus 组件实战

Prometheus 生态由多个组件组成，这些组件大部分是可选的。

1. Prometheus Server（服务器端）

Prometheus Sever 是 Prometheus 组件中的核心部分，负责实现对监控数据的获取、存储及查询。

Prometheus Server 可以通过静态配置管理监控目标，也可以配合使用 Service Discovery 的方式动态管理监控目标，并从这些监控目标中获取数据。

其次，Prometheus Server 需要对采集到的数据进行存储，Prometheus Server 本身就是一个实时数据库，将采集到的监控数据按照时间顺序存储在本地磁盘当中。Prometheus Server 对外提供了自定义的 PromQL，实现对数据的查询以及分析。另外，Prometheus Server 的联邦集群能力可以使其从其他 Prometheus Server 实例中获取数据。

2. Exporters（监控客户端）

Exporter 将监控数据采集的端点通过 HTTP 服务的形式暴露给 Prometheus Server，Prometheus Server 通过访问该 Exporter 提供的端点（Endpoint），即可以获取到需要采集的监控数据。可以将 Exporter 分为两类。

（1）直接采集：这一类 Exporter 直接内置了对 Prometheus 监控的支持，比如 cAdvisor、Kubernetes、Etcd、Gokit 等，都直接内置了用于向 Prometheus 暴露监控数据的端点。

（2）间接采集：原有监控目标并不直接支持 Prometheus，因此需要通过 Prometheus 提供的 Client Library（客户端库）编写该监控目标的监控采集程序，例如 MySQL Exporter、JMX Exporter、Consul Exporter 等。

3. AlertManager（报警模块）

在 Prometheus Server 中支持基于 PromQL 创建警报规则，如果满足 PromQL 定义的规则，则会产生一条警报。在 AlertManager 从 Prometheus Server 端接收到警报后，会去除重复数据，分组，发出报警。常见的接收方式有电子邮件、Pagerduty、WebHook 等。

4. PushGateway（网关）

Prometheus 数据采集基于 Prometheus Server 从 Exporter 拉取数据，因此当网络环境不允许 Prometheus Server 和 Exporter 进行通信时，可以使用 PushGateway 进行中转。通过 PushGateway 将内部网络的监控数据主动推送到 Gateway 中，Prometheus Server 采用针对 Exporter 同样的方式，将监控数据从 PushGateway 拉取到 Prometheus Server。

5. Web UI平台

Prometheus 的 Web 接口可用于简单可视化、语句执行或者服务状态监控。

8.5　Prometheus 体系结构

Prometheus 从 jobs 获取度量数据，也可以直接或通过推送网关获取临时 jobs 的度量数据。它在本地存储所有被获取的样本，并在这些数据运行规则，对现有数据进行聚合和记录新的时间序列，或生成警报。通过 Grafana 或其他 API 消费者，可以可视化地查看收集到的数据。

Pometheus 的整体架构和生态组件如图 8-1 所示。

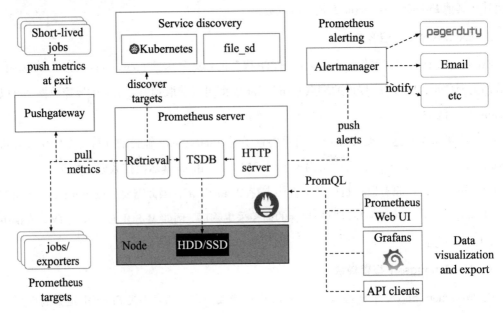

图 8-1　Prometheus 的整体架构和生态流程

8.6　Prometheus 工作流程

Prometheus 工作流程如下。

（1）Prometheus 服务器定期从配置好的 jobs 或者 exporters 中获取度量数据，或者接收推送网关发送过来的度量数据。

（2）Prometheus 服务器在本地存储收集到的度量数据，并对这些数据进行聚合。

（3）运行已定义好的 alert.rules，记录新的时间序列或者向告警管理器推送警报。

（4）告警管理器根据配置文件，对接收到的警报进行处理，并通过 E-mail、微信、钉钉等途径发出告警。

（5）Grafana 等图形工具获取到监控数据，并以图形化的方式进行展示。

8.7　Prometheus 服务端部署

Prometheus 监控平台部署配置有两种方式，分别为官方网站下载 Prometheus 镜像进行安装和从 Docker 上获取镜像进行安装。

（1）从官方网站下载 Prometheus 镜像进行安装：

```
#下载 Prometheus 软件包
#解压 Prometheus 软件包
tar -xzvf prometheus-2.25.0.linux-amd64.tar.gz
#部署 Prometheus 服务
mv prometheus-2.25.0.linux-amd64 /usr/local/prometheus/
#查看服务是否部署成功
ls -l /usr/local/prometheus/
#进入 Prometheus 主目录
cd /usr/local/prometheus/
#后台启动 Prometheus 服务,并且监听 9090 端口
nohup ./prometheus --config.file=prometheus.yml &
netstat -tnlp|grep -aiwE 9090
```

（2）从 Docker 上获取镜像进行安装：

```
docker run -p 9090:9090 -v /tmp/prometheus.yml:/etc/prometheus/prometheus.
yml \    -v /tmp/first.rules:/etc/prometheus/first.rules \
-v /tmp/prometheus-data:/prometheus-data  prom/prometheus
```

（3）部署完成，通过 9090 端口访问 Web 平台（http://47.98.151.187:9090/graph），如图 8-2 所示。

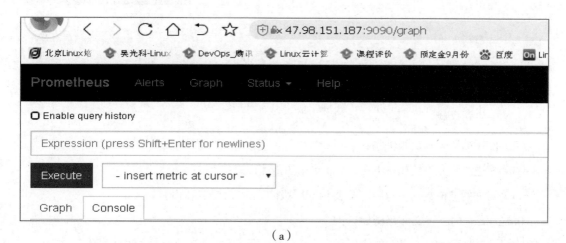

（a）

图 8-2　Prometheus Web 实战操作

（c）

图 8-2 （续）

Prometheus 的配置文件采用的是 YAML 文件，YAML 文件书写规范如下：

（1）大小写敏感；

（2）使用缩进表示层级关系；

（3）缩进时不允许使用 Tab 键，只允许使用空格；

（4）缩进的空格数目不重要，只要相同层级的元素左侧对齐即可。

Prometheus 的配置文件解析如下：

```
#my global config
global:
  scrape_interval:    15s #Set the scrape interval to every 15 seconds.
Default is every 1 minute.
```

```
   evaluation_interval: 15s #Evaluate rules every 15 seconds. The default
is every 1 minute.
   #scrape_timeout is set to the global default (10s).
#Alertmanager configuration
alerting:
  alertmanagers:
  - static_configs:
    - targets:
      #- alertmanager:9093
#Load rules once and periodically evaluate them according to the global
'evaluation_interval'.
rule_files:
  #- "first_rules.yml"
  #- "second_rules.yml"
#A scrape configuration containing exactly one endpoint to scrape:
#Here it's Prometheus itself.
scrape_configs:
  #The job name is added as a label 'job=<job_name>' to any timeseries scraped
from this config.
  - job_name: 'prometheus'
    #metrics_path defaults to '/metrics'
    #scheme defaults to 'http'.

    static_configs:
    - targets: ['localhost:9090']
```

8.8　Node_Exporter 客户端安装

（1）Prometheus 服务端配置成功之后，需要配置客户端，客户端上需要安装 Node_Exporter 插件，操作方法和指令如下：

```
#下载 Node_Exporter 插件
wget -c http://github.com/prometheus/node_exporter/releases/download/
v1.1.1/node_exporter-1.1.1.linux-amd64.tar.gz
#解压 Node_Exporter 插件
tar -xzvf node_exporter-1.1.1.linux-amd64.tar.gz
#部署 Node_Exporter 插件
mv node_exporter-1.1.1.linux-amd64 /usr/local/node_exporter/
#进入 node_exporter 部署目录
cd /usr/local/node_exporter/
```

```
#启动 node_exporter 服务进程
nohup ./node_exporter &
```

（2）根据以上 node_exporter 指令操作，Node_Exporter 部署成功，如图 8-3 所示。

（a）

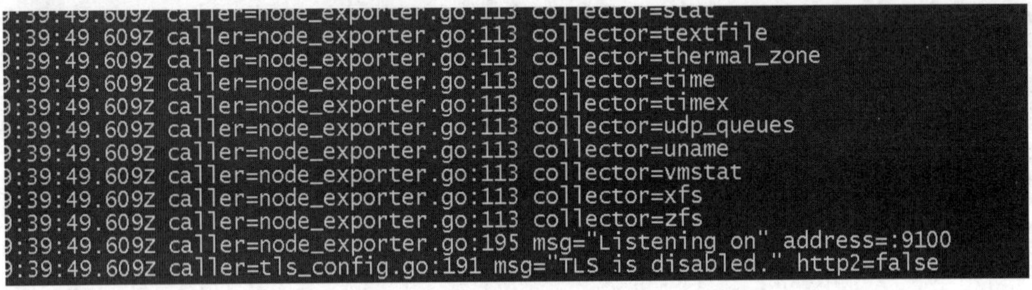

（b）

图 8-3　Node_Exporter 部署成功

（3）验证 Node_Exporter 是否安装成功，操作方法和指令如下：

```
curl 127.0.0.1:9100
curl 127.0.0.1:9100/metrics
```

8.9　Grafana Web 部署实战

Grafana 是一个可视化面板（Dashboard），有着非常漂亮的图表和布局展示、功能齐全的度量仪表盘和图形编辑器，支持 Graphite、Zabbix、InfluxDB、Prometheus 和 OpenTSDB 作为数据源，可以混合多种风格，支持白天和夜间模式。

（1）添加 Grafana 网络源，操作的方法和指令如下：

```
#安装 init 初始化脚本
yum install initscripts fontconfig -y
```

```
#添加 Grafana 网络源
cat>/etc/yum.repos.d/grafana.repo <<EOF
[grafana]
name=grafana
baseurl=https://packages.grafana.com/oss/rpm
repo_gpgcheck=1
enabled=1
gpgcheck=0
gpgkey=https://packages.grafana.com/gpg.key
sslverify=1
sslcacert=/etc/pki/tls/certs/ca-bundle.crt
EOF
```

（2）YUM 安装 Grafana 软件包，操作方法和指令如下：

```
yum install grafana -y
```

（3）启动 Grafana 服务，操作方法和指令如下：

```
service grafana-server restart
```

（4）将 Grafana 服务加入系统启动项，操作方法和指令如下：

```
systemctl enable grafana-server.service
```

（5）查看 Grafana 服务运行状态，操作方法和指令如下：

```
systemctl status grafana-server
```

（6）根据以上操作方法和步骤，访问 Grafana Web 平台，网址为 http://47.98.151.187:3000，默认用户名/密码为 admin/admin，如图 8-4 所示。

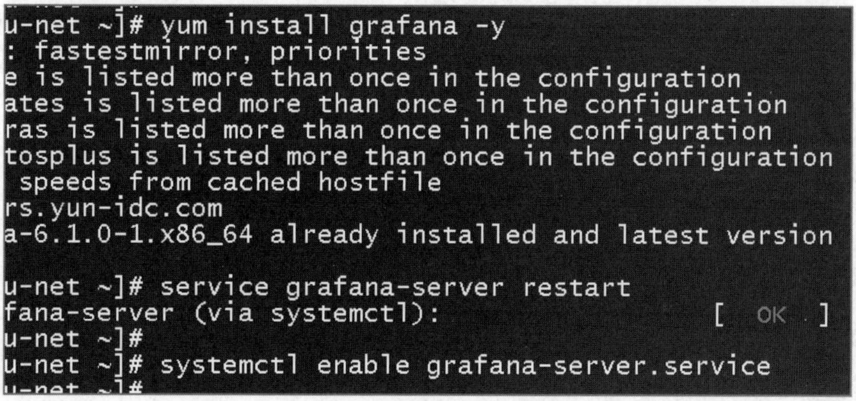

（a）

图 8-4　Grafana 案例实战

```
jfedu-net ~]# systemctl status grafana-server
server.service - Grafana instance
loaded (/usr/lib/systemd/system/grafana-server.service;
active (running) since Wed 2019-04-03 18:18:25 CST; 1mi
http://docs.grafana.org
10153 (grafana-server)
/system.slice/grafana-server.service
└─10153 /usr/sbin/grafana-server --config=/etc/grafana/

18:25 www-jfedu-net grafana-server[10153]: t=2019-04-03T
18:25 www-jfedu-net grafana-server[10153]: t=2019-04-03T
18:25 www-jfedu-net grafana-server[10153]: t=2019-04-03T
18:25 www-jfedu-net grafana-server[10153]: t=2019-04-03T
```

（b）

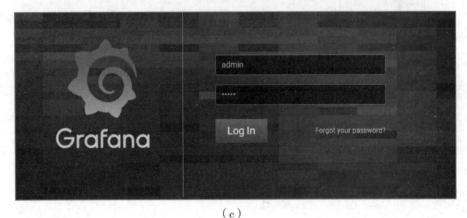

（c）

图 8-4　（续）

8.10　Grafana+Prometheus 整合

（1）单击首页 Add data source 增加数据源，选择 Prometheus 源即可，如图 8-5 所示。

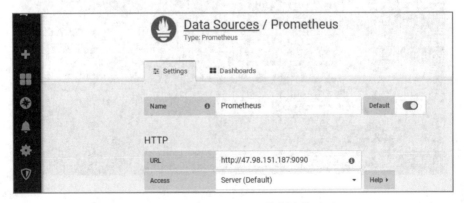

图 8-5　Prometheus+ Grafana 案例实战（1）

（2）指定 Prometheus 的访问 URL 地址并添加 Dashboard，如图 8-6 所示。

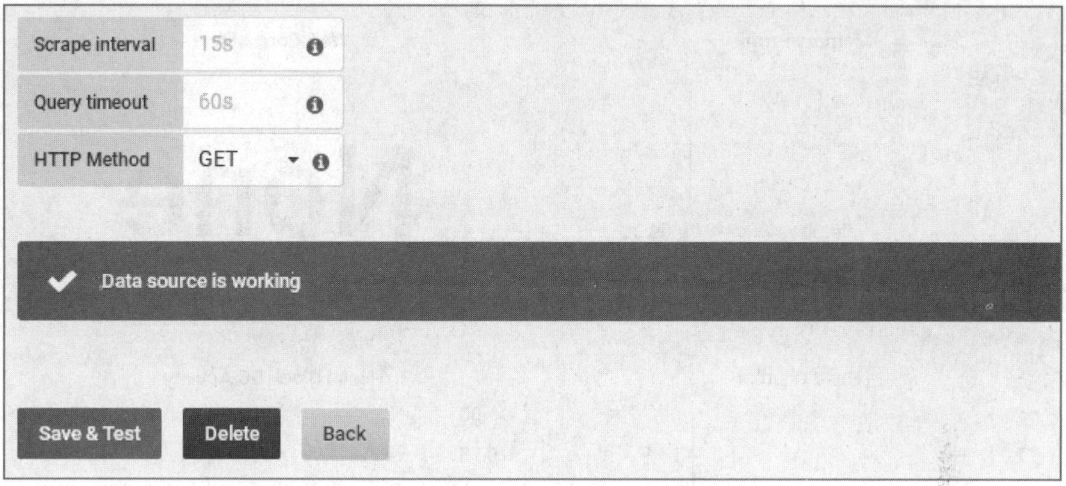

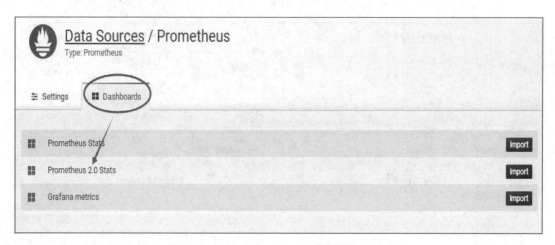

图 8-6　Prometheus+ Grafana 案例实战（2）

（3）选择 Dashboards 选项卡，创建监控图形，如图 8-7 所示。

图 8-7　Prometheus+ Grafana 案例实战（3）

（4）查看 Dashboard 图形监控，如图 8-8 所示。

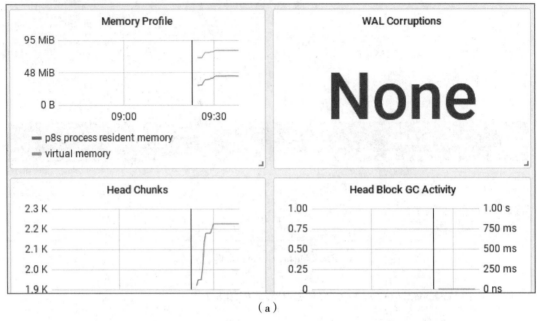

（a）

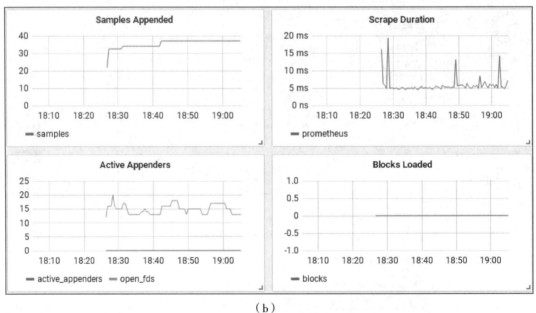

（b）

图 8-8   Prometheus+ Grafana 监控数据

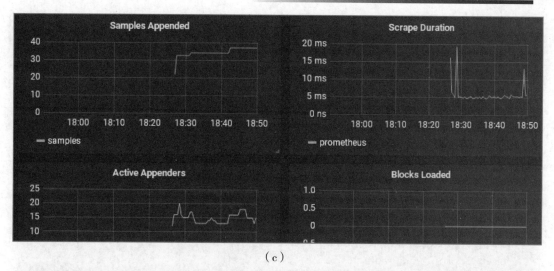

（c）

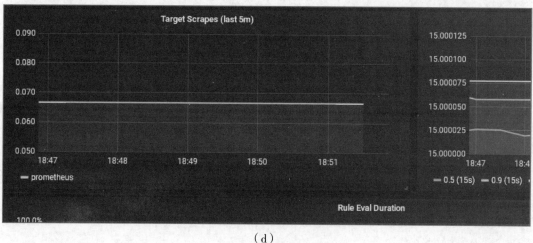

（d）

图 8-8　（续）

8.11　AlertManager 安装

根据以上所有操作步骤，Prometheus 和 Grafana 部署成功，默认可以监控客户端，但是不能实现发送报警邮件、短信等操作。因此需要配置 AlertManager 实现信息报警，操作方法和指令如下：

```
#下载 alertmanager 软件包
#解压 alertmanager 软件包
tar -xzvf alertmanager-0.21.0.linux-amd64.tar.gz
```

```
#部署 alertmanager
mv alertmanager-0.21.0.linux-amd64 /usr/local/alertmanager/
#切换至部署目录
cd /usr/local/alertmanager/
```

8.12　配置 AlertManager

AlertManager 安装目录下有默认的 simple.yml 文件，可以创建新的配置文件，在启动时指定即可。配置文件如下：

```
global:
  smtp_smarthost: 'smtp.163.com:25'
  smtp_from: 'wgkgood@163.com'
  smtp_auth_username: 'wgkgood@163.com'
  smtp_auth_password: 'jfedu666'
  smtp_require_tls: false
templates:
  - '/alertmanager/template/*.tmpl'
route:
  group_by: ['alertname', 'cluster', 'service']
  group_wait: 30s
  group_interval: 5m
  repeat_interval: 10m
  receiver: default-receiver

receivers:- name: 'default-receiver'
  email_configs:
  - to: 'whiiip@163.com'
    html: '{{ template "alert.html" . }}'
    headers: { Subject: "[WARN] 报警邮件 test" }
```

相关参数含义如下。

（1）smtp_smarthost：用于发送邮件的邮箱的 SMTP 服务器地址+端口。

（2）smtp_auth_password：发送邮箱的授权码而不是登录密码。

（3）smtp_require_tls：默认为 true，当为 true 时会有 starttls 错误，可以用其他办法解决。简单起见，这里直接设置为 false。

（4）templates：指出邮件的模板路径。

（5）receivers 下 html 指出邮件内容模板名，这里模板名为"alert.html"，在模板路径中的某个文件中定义。

（6）headers：邮件标题。

8.13　Prometheus 报警规则

（1）要实现 Prometheus 信息报警，还需要配置 Prometheus 报警规则，规则配置文件 rule.yml
内容如下：

```
groups:- name: test-rule
  rules:
  - alert: clients
    expr: redis_connected_clients > 1
    for: 1m
    labels:
      severity: warning
    annotations:
      summary: "{{$labels.instance}}: Too many clients detected"
      description: "{{$labels.instance}}: Client num is above 80% (current
value is: {{ $value }}"
```

（2）在 prometheus.yml 中指定 rule.yml 的路径，操作方法如下：

```
#my global config
global:
  scrape_interval:     15s # Set the scrape interval to every 15 seconds.
Default is every 1 minute.
  evaluation_interval: 15s # Evaluate rules every 15 seconds. The default
is every 1 minute.
  #scrape_timeout is set to the global default (10s).
#Alertmanager configuration
alerting:
  alertmanagers:
  - static_configs:
    - targets: ["localhost:9093"]
#Load rules once and periodically evaluate them according to the global
'evaluation_interval'.
rule_files:
  - /rule.yml
  #- "second_rules.yml"
#A scrape configuration containing exactly one endpoint to scrape:
#Here it's Prometheus itself.scrape_configs:
```

```
    #The job name is added as a label 'job=<job_name>' to any timeseries scraped
from this config.
    - job_name: 'prometheus'
      #metrics_path defaults to '/metrics'
      #scheme defaults to 'http'.
      static_configs:
        - targets: ['localhost:9090']
    - job_name: redis_exporter
      static_configs:
        - targets: ['localhost:9122']
```

8.14　Prometheus 邮件模板

创建 Prometheus 发送邮件信息的目标，文件扩展名为.tmpl，代码如下：

```
{{ define "alert.html" }}<table>
    <tr><td>报警名</td><td>开始时间</td></tr>
    {{ range $i, $alert := .Alerts }}
        <tr><td>{{ index $alert.Labels "alertname" }}</td><td>{{ $alert.
StartsAt }}</td></tr>
    {{ end }}</table>
{{ end }}
```

8.15　Prometheus 启动和测试

Prometheus 启动和测试的代码如下：

```
#启动 AlertManager
cd /root/alertmanager-0.21.0.linux-amd64
./alertmanager --config.file=alert.yml
#启动 Prometheus
cd /root/prometheus-0.21.0.linux-amd64
./prometheus --config.file=prometheus.yml
#启动 exporter
cd /prometheus_exporters
./node_exporter &
./redis_exporter redis//localhost:6379 & -web.listenaddress 0.0.0.0:9122
```

8.16　Prometheus 验证邮箱

完成以上 Prometheus 和 AlertManager 配置步骤，接下来直接访问报警列表和邮箱，如图 8-9 所示。

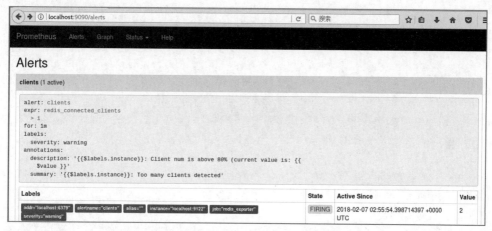

（a）AlertManager 报警列表展示

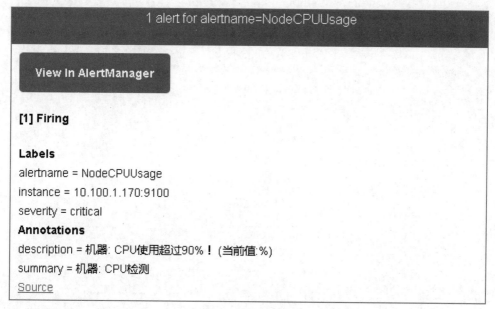

（b）163 邮箱报警信息

图 8-9　访问报警列表